Jan-Peter Domschke

Ströme verbinden die Welt

In der populärwissenschaftlichen Sammlung

Einblicke in die Wissenschaft

mit den Schwerpunkten Mathematik – Naturwissenschaften – Technik werden in allgemeinverständlicher Form

- elementare Fragestellungen zu interessanten Problemen aufgegriffen,
- Themen aus der aktuellen Forschung behandelt,
- historische Zusammenhänge aufgehellt,
- Leben und Werk bedeutender Forscher und Erfinder vorgestellt.

Diese Reihe ermöglicht interessierten Laien einen einfachen Einstieg, bietet aber auch Fachleuten anregende, unterhaltsame und zugleich fundierte Einblicke in die Wissenschaft.

Jeder Band ist in sich abgeschlossen und leicht lesbar.

Jan-Peter Domschke

Ströme verbinden die Welt

Telegraphie - Telefonie - Telekommunikation

 B. G. Teubner Stuttgart · Leipzig 1997

Prof. Dr. phil. habil. Jan-Peter Domschke
D-09130 Chemnitz

Bildnachweis:
Bildstelle des Deutschen Museums München: Abb. 1 bis 12, 14 bis 24, 26 bis 28;
Firma Siemens AG, Bereich Private Kommunikationssysteme: Abb. 30, 31.

Gedruckt auf chlorfrei gebleichtem Papier.

Die Deutsche Bibliothek – CIP-Einheitsaufnahme

Domschke, Jan-Peter:
Ströme verbinden die Welt : Telegraphie - Telefonie -
Telekommunikation / Jan-Peter Domschke. -
Stuttgart ; Leipzig : Teubner, 1997
  (Einblicke in die Wissenschaft : Technik)

ISBN 978-3-8154-2507-7   ISBN 978-3-322-99625-1 (eBook)
DOI 10.1007/978-3-322-99625-1

© B. G. Teubner Verlagsgesellschaft Leipzig 1997

Umschlaggestaltung: E. Kretschmer, Leipzig

Vorwort

Die Geschichte der Signalübertragung ist reich an Widersprüchen
und Widerständen; einige der interessantesten dem Leser nahezubringen, ihn zu informieren und dabei zu unterhalten - dies sind
zentrale Anliegen des vorliegenden Bandes der populärwissenschaftlichen Buchreihe „Einblicke in die Wissenschaft."

Jeden Tag erfahren wir Neuigkeiten aus allen Teilen der Welt; wie
aber ist das möglich geworden? Wer begann damit, den elektrischen Strom zur Nachrichtenübertragung zu nutzen? Welchen
Schwierigkeiten und Problemen begegneten die Telegrapheninge-
nieure, die Kabelleger, die Erfinder der Telefonie und der elektronischen Medien? Das ist eine lange Geschichte, die mit Sömmerings
elektrolytischen Telegraphen begann und mit den weltweiten Netzen der Telekommunikation nicht beendet sein dürfte.

Die Erde ist "kleiner" geworden, denn die Technik bietet neue und
globale Informationsmöglichkeiten. Wir verfügen heute über zahlreiche Mittel, um Verbreitung, Speicherung und Verarbeitung von
Informationen in kürzester Zeit zu ermöglichen. Die daraus erwach-
senden wirtschaftlichen, politischen und kulturellen Folgen sind
unübersehbar. Sie prägen nicht nur die individuellen beruflichen
Aktivitäten und das eigene Weltbild, sondern ganze Gesellschaften.
Nicht wenige räumen der "Information" einen so hohen Stellenwert
ein, daß sie die "postindustrielle Gesellschaft" als "Informationsgesellschaft" bezeichnet wissen wollen.
Die unterschiedlichsten Prognosen über künftige Entwicklungen
liefern schon heute Zünd- und Diskussionsstoff. Reale und er-

dachte Ängste, vielfältige Szenarien, aber auch nüchterne Analysen führen zu Auseinandersetzungen, wie sie für Umbrüche dieser Dimension schon immer typisch waren.

In diesem Buch stehen technische Entwicklungen im Mittelpunkt. In einer Zeit, in der technischer Fortschritt dominiert, in der in kurzen Intervallen die modernsten Anlagen auf ihren Schrottwert herabsinken, einer Zeit, in der die Elektronik immer neue Anwendungsgebiete erobert und mit ihrer Hilfe Informationen von den entferntesten Schauplätzen zu uns gelangen, mag manchem Kritiker der Blick zurück überflüssig oder unsinnig erscheinen.
Seit Jahren steigen aber die Besucherzahlen technischer Museen, technischer Denkmale, und es wächst das Interesse, eine inzwischen überholte Technik zu bewahren, zu pflegen, zu nutzen und auch zur Schau zu stellen.

In einem Punkt dürften sich allerdings alle einig sein: Jeder der Ingenieure und Konstrukteure, der Natur- und Technikwissenschaftler, der Experten und der Außenseiter, der Förderer und auch der Irrwege Beschreitenden hat Anspruch auf gerechte Würdigung und Respekt. Der Schriftsteller Wolfgang Kohlhaase meint zu Recht: "Vom Ende gesehen, ist alles klar. Aber von vorne war es ein großes Abenteuer und der Mühe wert. Der Traum ist nicht nutzlos, selbst, wenn der Träumer ihn nicht überlebt. Die Geschichte kennt kein letztes Wort."

Vielleicht ist es gerade das, was die Beschäftigung mit dem Werdegang der Technik und dem wissenschaftlichen Hintergrund so reizvoll macht. Hinzu kommt ein anderes: Nicht wenige technische

Lösungen sind schon vor langer Zeit verwirklicht worden, und wir finden uns heute Vertrautes dort bereits im Keim vor.

In diesen einleitenden Bemerkungen soll der Gegenstand des Buches genau benannt werden: das Wirken der elektromagnetischen Wellen. Die folgende Übersicht enthält dazu einige Angaben.

Bez.	Länge	Frequenz	Ausbreitung	Verwendung
VLF	100 km- 10 km	3- 30 kHz	Boden-, Raumwelle	
LF	10 km- 1 km	30- 300 kHz	Bodenwelle >1000 km Raumwelle nachts	Langwelle (150-300 kHz)
MF	1 km- 100 m	300 kHz- 3 MHz	Bodenwelle >100 km Raumwelle nachts	Mittelwelle (500-1500 kHz)
HF	100 m- 10 m	3- 30 MHz	Raumwelle, Ionosphärenreflexionen	Kurzwelle (5-30 MHz)
VHF	10 m- 1 m	30- 300 MHz	Bodenwelle, keine Reflexion	UKW (30 -300 MHz)
UHF	1 m- 10 cm	300 Mhz- 3 GHz	Bodenwelle, optische Sicht	Richt-, Satellitenfunk, Radar
SHF	10 cm- 1 cm	3- 30 GHz	Bodenwelle, optische Sicht	Richt-, Satellitenfunk, Radar
EHF	1 cm- 1 mm	30- 300 GHz	Bodenwelle, optische Sicht	

Dem Leser, der sich ausführlicher mit der Entwicklung der Signalübertragung und dem wissenschaftlichen Fortschreiten auf diesem Gebiet befassen möchte, seien die weiterführenden Literaturhinweise am Buchende empfohlen.

Ich möchte mich bei all denen, die zum Entstehen dieses Buches beitrugen, herzlich bedanken. Ich empfand die Hilfe und Unterstützung durch den Teubner-Verlag in Leipzig, insbesondere die aufmunternden Gespräche mit Herrn Weiß, als wohltuende Wertschätzung meiner Bemühungen.

Chemnitz, Februar 1997   Jan-Peter Domschke

Inhalt

Vom Licht zum Strom - Telegraphie im Wandel

Von einer Nachrichtenübermittlung, "schnell, wie ein Lauffeuer", berichtet Aischylos (525-456 v.u.Z.) in seinem Drama "Agamemnon". Dieser sagenhafte König von Mykene, der nach langer Belagerung die Stadt Troja besiegt haben soll, teilte dies in einer Nacht durch Feuerzeichen seiner Gemahlin in Mykene mit. Aischylos beschreibt die "Feuertelegraphie" über etwa 500 Kilometer recht detailliert: Über viele Berggipfel erreichte die Nachricht das Ägäische Meer, dort verwendete man Schiffe als Zwischenstationen, dann dienten wieder die Berge zwischen der Küste und Mykene der Nachrichtenübermittlung.

In Erzählungen aus den Blütezeiten Griechenlands, Roms, der asiatischen und der amerikanischen Hochkulturen sind uns zahlreiche Zeugnisse der Feuer-, Rauch- und Fackeltelegraphie überliefert; in der Regel ging es um die Übermittlung politischer oder militärischer Informationen. In fast allen Kulturen wurden zur Nachrichtenübertragung auch akustische Geräte eingesetzt, so konnten sich die afrikanischen Trommelsignale bis in die jüngste Vergangenheit behaupten.

Häufig ist auch damals schon von den Schwierigkeiten die Rede, die diesen Systemen eigen sind. Bei den optischen sind es vor allem die Abhängigkeit von den Sichtverhältnissen und die rasche Ermüdung beim angestrengten Sehen. Bei beiden besteht die Möglichkeit des nicht korrigierbaren Irrens, denn es fehlen Aufzeichnungen, ganz zu schweigen von der bewußten Irreführung durch militärische Gegner und dem hohen Zeitaufwand bei der Übermittlung von Zeichen. Nach dem Untergang des Römischen Reiches verfielen in Europa, Vorderasien und Nordafrika die optischen Systeme. Nachrichten übermittelten laufende oder reitende Boten; im Orient nutzte man Brieftauben. Ein größeres Interesse an Informationen aus entfernteren Gebieten war insbesondere in der Kleinstaaterei nicht zu erwarten. So wußte man im Juli 1493 in Nürnberg noch nicht, daß ein gewisser Christoph Kolumbus (1451-1506) im März jenes Jahres von einer Seereise nach "Indien" zurückgekehrt war und offenbar einen neuen Kontinent entdeckt hatte.

Die optische Telegraphie der Neuzeit fand zuerst in Frankreich ihre praktische Anwendung. Am 22. März 1792 legte Claude Chappe (1763-1805), ein Geistlicher, der sich seit 1791 mit der optischen Telegraphie beschäftigte und ein begeisterter Anhänger der französischen Revolution war, der Nationalversammlung in Paris einen Plan zur Errichtung einer optischen Telegraphenlinie vor. Offensichtlich konnte er die Abgeordneten von seinem "Tachygraphen", dem "Schnellschreiber", überzeugen, denn man bewilligte ihm den Aufbau einer Versuchsstrecke über 70 Kilometer. Am 12. April 1793 wurde zwischen Pelletier St. Fargeau und St. Martin du Thertre der Betrieb aufgenommen. Die Versuche waren erfolgreich, und nun beschloß der Nationalkonvent am 4. August 1793 den Bau einer Linie von Paris nach Lille über 225 Kilometer. Die Leitung für den Aufbau von 22 Stationen, die insgesamt 168 verschiedene Zeichen übertragen konnten, übernahm Claude Chappes Bruder Abraham (1773-1849).
Im August 1794 begann der Betrieb auf dieser Linie. Mehrfach konnte die Nationalversammlung sensationell schnell über Erfolge der republikanischen Armee unterrichtet werden, was das Ansehen der Gebrüder Chappe sehr förderte, denn die optische Telegraphie hatte in Frankreich auch zahlreiche Gegner. Sie argwöhnten, daß

mit ihrer Hilfe der inhaftierte König Ludwig XVI. (1754-1793) heim-
lich Informationen erhalten könne.

Um 1800 gab es in Frankreich eine gut ausgebaute optische Telegraphie nach dem Chappe-System. Vorangetrieben hat den Bau
neuer Linien vor allem Napoleon Bonaparte (1769-1821), der ihre
Dienste für seine zahlreichen Feldzüge zu schätzen wußte.
Wichtige, von Frankreich errichtete optische Telegraphenlinien
(bis 1816)

Jahr	Strecke
1793	**Paris - Lille (1794 St. Omer)**
1803	Lille - Brüssel
1809	Brüssel - Antwerpen
1810	Brüssel - Amsterdam
1816	St. Omer - Calais
1798	**Paris - Straßburg über Metz**
1799	Straßburg - Hüningen
1800	Vic - Lunéville
1813	Metz - Mainz
1798	**Paris - Brest über Avranches**
1799	**Paris - Lyon über Dijon**
1805	Lyon - Turin
1809	Turin - Mailand, Verona, Mantua
1810	Verona - Venedig
1812	Venedig - Ancona, Triest

Allerdings war Napoleon in gewisser Weise auch ein "Opfer", denn seine Flucht von der Insel Elba übertrug ein optischer Telegraph am 4. März 1815 von Lyon nach Paris.

Abb. 1   Optischer Telegraph nach C. Chappe 1792 (Modell), um 1800

Leider starb der Protagonist der optischen Telegraphie in Frankreich, Claude Chappe, auf tragische Weise. Er sprang am 23. Januar 1805 in einen Brunnenschacht, weil man ihm seine Erfindung streitig machen wollte.

Wenn auch nach der Niederlage Napoleons das System der optischen Telegraphie zeitweise zusammenbrach, war sie seit 1821 wieder benutzbar.

Zweieinhalb Jahrzehnte später hatten 29 französische Städte einen Anschluß, außerdem betrieb man 534 optische Telegraphenstationen. Ein Telegramm von Paris nach Straßburg konnte in sechs Minuten übermittelt werden.

In Deutschland beginnt die Geschichte der optischen Telegraphie am 22. November 1794 mit Johann Lorenz Boeckmann (1741-1802), einem Karlsruher Professor für Physik. An diesem Tage übermittelte er dem badischen Markgrafen ein Glückwunsch-Telegramm zum Geburtstag, und zwar von Durlach zum Schloß in Karlsruhe.

In Preußen entstand die optische Telegraphie 1832 aus dem Bedürfnis heraus, den 1815 zugesprochenen westlichen Landesteil mit dem östlichen zu verbinden. Bis 1834 baute man die damals längste Linie der Welt von Berlin über Magdeburg, Braunschweig, Köln nach Koblenz mit 61 Stationen über insgesamt 600 Kilometer. Bis in die Mitte des vorigen Jahrhunderts waren überall in Europa optische Telegraphenlinien, die aber nicht alle nach dem System von Chappe arbeiteten, in Betrieb. Schon in Preußen hatte man Modifizierungen vorgenommen, und in England ersetzten fensterladenähnliche Klappen die Zeiger. Die bekannten Nachteile der optischen Telegraphie nahm man in Kauf, solange eine realistische technische Alternative fehlte. Eine solche erbrachten auch nicht die Vorschläge von einigen Naturwissenschaftlern und Technikern zur Nutzung der elektrostatischen Kraft.

Schon 1782 stellte in Berlin Louis Lesage (1724-1803) seine in Genf entwickelte Konstruktion vor. Er betrieb sie mit einer Elektrisiermaschine und telegraphierte von einem Zimmer in ein anderes. Lesage verlegte 24 Drähte in Tonröhren, entsprechend der Zahl der Buchstaben. Die Enden der jeweiligen stromdurchflossenen Drähte sollten Holunderkügelchen oder Goldplättchen anziehen und damit die Zeichenübertragung ermöglichen.
Nach dem gleichen Prinzip versuchte 1796 der spanische Naturwissenschaftler Don Francisco Salva y Campillo (1751-1828) zwischen Madrid und Aranjuez über 50 Kilometer zu telegraphieren.

Im Jahre 1816 bot der Techniker Francis Ronalds (1788-1873) der englischen Admiralität einen mit einer Elektrisiermaschine arbeitenden Telegraphen an. Die Behörde reagierte abweisend: "Telegraphen aller Art sind heute völlig unnötig und keine anderen als die bisher in Gebrauch befindlichen (optischen) werden angenommen."
Ein wesentlicher Fortschritt war die Benutzung von Gleichstrom aus einer elektrochemischen Spannungsquelle. Eine solche stand aber erst seit 1799 mit der "Voltaschen Säule" zur Verfügung. Der Physiker Alessandro Volta (1745-1827) hatte 1791 an den Versuchen von Luigi Galvani (1737-1798) teilgenommen, sich allerdings weit mehr als dieser um eine wissenschaftliche Klärung der elektrischen Phänomene bemüht.
Wenn man den zeitgenössischen Erkenntnisstand betrachtet, also die Frage stellt, was um 1800 über die Elektrizität bekannt war, so kann man sich auf einige wenige wissenschaftliche Entdeckungen beschränken. Bereits 1729 unterschied Stephen Gray (1666-1736) elektrische Leiter und Nichtleiter. Ewald Jürgen von Kleist (1700-1748) erfand 1745 die "Kleistsche Flasche", den Kondensator. Ein

Jahr später versuchte der Freiberger Professor Johann Heinrich Winkler (1703-1770), die Geschwindigkeit des elektrischen Stromes zu messen, scheiterte aber.

Das damals bekannteste und kompetenteste Nachschlagewerk für wissenschaftliche und andere Tatsachen, die französische Enzyklopädie, teilt unter dem Stichwort "Electricité" mit: "Dieses Wort bezeichnet im allgemeinen die Wirkungen einer dünnflüssigen, sehr feinen Materie, die sich durch ihre Eigentümlichkeiten von allen anderen flüssigen Stoffen, die wir kennen, deutlich unterscheidet. Sie scheint sich nach besonderen Gesetzen sehr schnell zu bewegen und ruft durch ihre Bewegungen höchst seltsame Erscheinungen hervor."

Das zeigt überaus deutlich, wie wenig über den elektrischen Strom bekannt war. Das erste Gesetz der Elektrizitätslehre fand 1788 Charles Augustin de Coulomb (1736-1806). Es besagt, daß die Kraftwirkung gleich den Polstärken zweier Massen, dividiert durch das Quadrat des Radius ist. Das fand der Wissenschaftler mit Hilfe einer Drehwaage heraus, mit der die sehr geringen Anziehungs- und Abstoßungskräfte gemessen werden konnten.

Die mit Abstand spektakulärste Entdeckung gelang dem Arzt und Professor für Medizin an der Universität zu Bologna, Luigi Galvani. Im Jahre 1791 teilte der Gelehrte der wissenschaftlichen Welt mit, daß er in zahlreichen Versuchen mit Froschschenkeln die "thierische Electricität" gefunden habe.

Viel später urteilte einer der berühmtesten Physiker des 19. Jahrhunderts, Emil Du Bois-Reymond (1818-1896), über die Folgen dieser Publikation: "Der Sturm, den das Erscheinen von Galvanis Abhandlung in der Welt der Physiker, der Physiologen und Ärzte erregte, kann nur mit demjenigen verglichen werden, der zur selben

Zeit am politischen Horizont Europas heraufzog. Wo es Frösche gab und wo sich zwei Stücke ungleichartigen Metalls erschwingen ließen, wollte jedermann sich von der wunderbaren Wiederbelebung der verstümmelten Gliedmaßen durch den Augenschein überzeugen."

Viele Physiker, aber auch Autodidakten, beschäftigten sich nach Galvanis Darlegungen mit der Elektrizitätslehre. Am erfolgreichsten war Volta. Im Gegensatz zu Galvani, mit dem er einen wissenschaftlichen Meinungsstreit führte, kam er zu der Erkenntnis, daß die "thierische Electricität" eine Wirkung des elektrischen Stromes ist. Durch zahlreiche Experimente gelang es Volta, die nach ihm benannte Spannungsreihe aufzustellen. In der "Voltaschen Säule" werden die Potentialdifferenzen zwischen Kupfer bzw. Silber und Zinn bzw. Zink zur Konstruktion eines elektrochemischen Elementes genutzt. Volta empfiehlt Platten aus Silber und Zink, die abwechselnd aufeinandergeschichtet werden müssen und zwischen die mit Salzwasser getränkte Pappen gelegt werden. Diese Konstruktion benutzten zahlreiche Physiker für neuartige Experimente.

Nach 1800 gelang damit Johann Wilhelm Ritter (1776-1810) die Zersetzung von Wasser und Ammoniak. Ein Jahr später konstruierte Ritter eine sehr leistungsstarke "Voltasche Säule".

Im Jahre 1809 stellte der Münchner Professor für Anatomie, Samuel Thomas von Sömmerring (1755-1830), einen Telegraphen vor. Interessant ist die Vorgeschichte zu seiner Konstruktion: Am 9. April 1809 besetzten österreichische Truppen München und vertrieben den Kurfürsten. Bereits am 22. April 1809 schlug Napoleon, der sich zum Zeitpunkt der Besetzung in Oberitalien befand, diese militärischen Einheiten. Eine derartig rasche Reaktion ermöglichte nur die optische Telegraphie.

Davon beeindruckt, beauftragte der allen wissenschaftlichen und technischen Fragen aufgeschlossene bayrische Minister Maximilian Joseph Graf Montgelas (1759-1838) den von ihm sehr geschätzten Sömmerring, ebenfalls einen Telegraphen zu bauen.

Der Konstrukteur ahmte nicht das Prinzip der optischen Telegraphie nach, sondern nutzte die elektrolytischen Wirkungen des aus einer "Voltaschen Säule" gewonnenen Stromes, genauer gesagt, die Gasentwicklung bei elektrolytischen Vorgängen. Sömmerring installierte in einem Wasserbehälter 35 vergoldete Stifte, die er mit Buchstaben und Zahlen belegte. Die Stifte verband er mit Kupferdrähten und führte sie an ein Gestell mit der gleichen Buchstabenbelegung heran. Schloß man die Pole einer "Voltaschen Säule" mit den Kontakten am Gestell, so stiegen an den vergoldeten Stiften Gasblasen auf. Man konnte folglich immer zwei Buchstaben übertragen, und der Erfinder schlug vor, daß man den Buchstaben voranstellen solle, bei dem sich die Gasentwicklung verstärkt zeigte, das war der Wasserstoff.
Sömmerring demonstrierte seinen Telegraphen vor den Mitgliedern der Bayrischen Akademie der Wissenschaften in München mit dem Hinweis, daß er etwa 3000 Meter Draht auf eine Rolle gewickelt habe, um die Wirksamkeit auf größere Entfernungen zu prüfen. Insgesamt waren seine Vorführungen erfolgreich, dennoch blieb eine technische Anwendung aus. Die Gründe dafür liegen in der recht umständlichen und störanfälligen Konstruktion. Napoleon, den man interessieren wollte, soll gesagt haben, das sei eine "deutsche Idee".
Sömmerring experimentierte trotz der mangelnden Resonanz in den folgenden Jahren weiter, vor allem arbeitete er an der Verbes-

serung der Isolierung. Bis 1812 gelang es ihm, die Entfernung zu erhöhen, und 1811 telegraphierte Sömmerring mit Leitungen, die er mit Siegelwachs isolierte, durch die Isar bei München. An einigen der Versuche nahm auch der russische Staatsrat in der Münchner Gesandtschaft, Paul Schilling von Canstadt (1786-1837), ein Freund Sömmerings, teil. Er baute später ebenfalls Telegraphen.

Abb. 2   Elektrochemischer Telegraph von Thomas v. Sömmering, 1811

Die elektrische Telegraphie konnte sich zwar nur langsam durchsetzen, sie ist aber die erste mögliche technische Anwendung der Elektrizität, weil der Energiebedarf gering war und mit der "Voltaschen Säule" vorerst gedeckt werden konnte.

Die Entdeckung des Hans Christian Oersted

In den ersten beiden Jahrzehnten des 19. Jahrhunderts gab es keine wesentlichen Fortschritte in der Anwendung der Elektrizität für die Nachrichtenübertragung. Erst mit der Entdeckung Hans Christian Oersteds (1777-1851), daß ein stromdurchflossener Leiter eine Magnetnadel ablenkt, zeichneten sich neue Entwicklungen ab. Oersted gehörte zu jenen Physikern, die seit dem Auftreten Voltas und Ritters alle galvanischen Experimente durchgeführt und auch interpretiert hatten. Seine Beobachtungen teilte er am 21. Juli 1820 verschiedenen Gelehrten mit. Die dadurch ausgelöste rege wissenschaftliche Tätigkeit führte zu Untersuchungen der Nadelablenkung durch Félix Savart (1791-1841) und Jean Baptiste Biot (1774-1862). Sie fanden eine Gleichung zur Berechnung des Feldes bei dünnen Stromleitern.

Von Bedeutung war auch die Entdeckung der Thermoelektrizität durch Thomas Johann Seebeck (1770-1831) im Jahre 1822. Schon bald nach dem Bekanntwerden der Oerstedschen Experimente führten André Marie Ampère (1775-1836) und Dominique Francois Jean Arago (1786-1853) systematische Versuche aus. Ampère untersuchte das Verhalten unterschiedlich gerichteter Ströme und begann mit theoretischen Überlegungen, die in der von ihm aufgestellten "Schwimmregel" mündeten. Für die Messungen benutzte Ampère eine die elektromagnetische Wirkung verstärkende Spule, in der die Magnetnadel aufgehängt war. Diesen "Multiplikator" hatte Johann Salomo Schweigger (1779-1857) kurz vorher erfunden. Auch der Physiker Johann Christian Poggendorff (1796-1877) nutzte zum Bau eines Galvanometers diese Entdeckung. Alle Experimente mit der Elektrizität dienten vorerst der Erarbeitung der theoretischen Grundlagen. An eine technische Nutzung war zu dieser Zeit kaum zu denken, wenn auch André Marie Ampère als einer der ersten vorschlug, einen elektromagnetischen Telegraphen zu bauen.

Zu den Pionieren der elektromagnetischen Telegraphie gehören Carl Friedrich Gauß (1777-1855), Wilhelm Eduard Weber (1804-1891) und der russische Diplomat Paul Schilling von Cannstadt. Gauß und Weber errichteten 1833 in Göttingen eine Versuchsanlage mit einer Magnetnadel und zwei Kupferdrähten von etwa drei Kilometer Länge zwischen dem Physikalischen Institut und der Sternwarte der Universität. Die Professoren vereinbarten entsprechende Bedeutungen für die Nadelausschläge nach der rechten und der linken Seite und experimentierten sowohl mit galvanischen als auch mit induzierten Strömen. Die Anlage diente nicht in erster Linie dem Nachweis der Tauglichkeit des Systems zur Nachrichtenübertragung, sondern im Vordergrund standen Versuche, die wir heute eher zur Grundlagenforschung rechnen würden.

Für Gauß und Weber war der Telegraph sowohl Forschungsobjekt als auch Gebrauchsgegenstand. Daß die elektromagnetische Telegraphie eine Zukunft haben könnte, war ihnen durchaus bewußt. So schrieb Gauß am 11. September 1835 an Schilling von Cannstadt: "Mich soll wundern, wo man zuerst die elektromagnetische Telegraphie praktisch und im großen Maßstab ins Leben treten lassen wird. Früher oder später wird dies gewiß geschehen, sobald man nur erst eingesehen haben wird, daß sie sich ohne Vergleich wohlfeiler einrichten läßt als die optischen Telegraphen. Die Telegraphie durch Benutzung der Induktion bedarf nur einer einfachen

Kette, und ich glaube, daß man es damit dahin bringen kann, acht bis zehn Buchstaben in der Minute zu transmittieren. Nach einem Überschlag, welchen ich dieser Tage zu machen veranlaßt bin, würde man, um Leipzig und Dresden ohne Zwischenstation auf diese Weise zu verbinden, Kupferdraht von nur 1,6 Millimeter Dicke anzuwenden brauchen, ja selbst noch schwächeren, wenn man die elektromotorische Kraft und den Multiplikator noch mehr verstärken will."

Abb. 3   Nadeltelegraph von Schilling von Cannstadt (Nachbildung), 1832

Leider fand die fruchtbare wissenschaftliche Zusammenarbeit von Gauß und Weber ein abruptes Ende. Weber gehörte zu den sogenannten "Göttinger Sieben", die gegen die Aufhebung der Verfassung von 1833 durch einen Willkürakt des neuen Königs Ernst August (1771-1851) protestierten. Im Jahre 1837 enthob der Monarch

Weber seines Amtes. Drei der anderen Protestierenden mußten das Land verlassen.

Noch vor Gauß und Weber hatte Paul Schilling von Cannstadt einen elektromagnetischen Telegraphen mit einer Magnetnadel gebaut und in Petersburg dem Zaren vorgeführt. Er fand damit aber nur wenig Anklang. Deshalb entschloß er sich, der Versammlung Deutscher Naturforscher und Ärzte, die für 1835 nach Bonn einberufen worden war, den von ihm entwickelten elektrischen Telegraphen mit sieben Nadeln im Empfänger und einer Art Klaviatur beim Sender vorzuführen. Im Empfänger waren die Magnetnadeln einzeln in Spulen waagerecht schwingend aufgehängt. Über acht Zuleitungen, sechs für die Spulen, die der eigentlichen Information dienten, je einer für die "Rufeinrichtung" und die Rückleitung, konnten die Nadeln bewegt werden. Über jeder Nadel befand sich eine kleine Metallscheibe mit unterschiedlich gestalteter Vorder- und Rückseite. Schlugen eine oder mehrere Nadeln an, so zeigte sich das am Anblick der Metallscheiben.

Schilling von Cannstadt benutzte zur Telegraphie ein von ihm entwickeltes Codesystem. Leider blieb es auch hier nur bei der Demonstration.

Im April 1837 wandte sich Paul Schilling von Cannstadt mit einem Brief an den russischen Marineminister und legte ihm die Vorteile seines Telegraphen mit den Worten dar:

"1. Seine Geschwindigkeit der Übertragung ist unvergleichlich größer. 2. Er funktioniert auch bei regnerischem und nebeligem Wetter. Die Telegraphisten werden durch einen speziellen Wecker auf die Nachricht aufmerksam gemacht. 3. Er bleibt während seiner Arbeit von Menschen unbemerkt. 4. Er erfordert keine sehr hohen Türme und kann von einer überaus kleinen Anzahl von Personen in

Funktion gehalten werden. 5. Der erstmalige Bau dieser Telegraphen kostet weniger als der von gewöhnlichen Telegraphen." Damit hatte er endlich Erfolg, denn bald darauf erhielt Schilling von Cannstadt den Auftrag, eine 30 Kilometer lange Telegraphenlinie von St. Petersburg nach Zarskoje Selo zu bauen. Noch während der Arbeiten starb er, nur 51jährig, am 6. August 1837.

Abb. 4

Sowohl die Versuche von Gauß und Weber als auch die von Schilling von Cannstadt waren für die späteren und erfolgreicheren Bemühungen durchaus von Bedeutung, denn das Bedürfnis nach einer zuverlässigen und schnellen Informationsübertragung erstreckte sich durch ihre Untersuchungen auch auf die Anwendung der Elektrizität. Die nach dem Code-Verfahren arbeitenden Telegraphen besaßen allerdings noch Mängel. Die Ver- und Entschlüsselung der vereinbarten Signale war zeitaufwendig und einem breiteren Personenkreis nicht zuzumuten, außerdem fehlte eine Aufzeichnungsmöglichkeit. Übertragungsfehler waren deshalb nur selten korrigierbar.

Etwas erfolgreicher bei der Anwendung der elektromagnetischen Telegraphie war Karl August von Steinheil (1801-1870). Er gehörte zu den in jener Zeit noch nicht sehr zahlreichen Wissenschaftlern, die vor allem für die technische Anwendung neuer naturwissenschaftlicher Erkenntnisse eintraten. Schon 1839 baute er elektrische Uhren und führte die galvanische Vergoldung ein. Später wandte sich Steinheil der Photographie zu und bemühte sich, dauerhafte Papierbilder herzustellen. Einem Zahnarzt schlug Steinheil 1843 vor, Zahngeschwüre mit Hilfe glühender Drähte zu zerstören. Eine Zeitlang soll jener diese Methode auch praktiziert haben.

Dieses technisch und wissenschaftlich außerordentlich begabte Mitglied der Bayerischen Akademie der Wissenschaften hatte sich 1835 in Göttingen mit dem Telegraphen von Gauß und Weber bekanntgemacht. Es gelang ihm, den bayerischen König Ludwig I. (1786-1868) zu interessieren, der ab 1838 die Versuche Steinheils finanziell förderte. Die elektrische Telegraphie sollte vor allem für das entstehende Eisenbahnnetz genutzt werden. Steinheil hielt es schon aus diesem Grunde für unerläßlich, einen schreibenden Telegraphen zu konstruieren. Schon Gauß und Weber hatten ihm gegenüber diesen Mangel beklagt.

Im Jahre 1836 stellt der Konstrukteur den ersten "schreibenden" Telegraphen vor: An den Enden von zwei Magnetnadeln brachte er kleine Farbtöpfchen an, die in Kapillarröhrchen endeten. Bei den entsprechenden Ausschlägen der Nadeln bildeten sich auf einem vorbeilaufenden Papierband auf zwei Zeilen Punkte ab. Steinheil hatte dazu einen Code entwickelt und die Anlage erfolgreich zwischen der Sternwarte Bogenhausen, seinem Münchner Wohnhaus und dem Physikalischen Kabinett der Akademie zu München erprobt. Den von Gauß und Weber eingeführten "Induktor" entwickelte er weiter.

Bei Versuchen an der Bahnlinie von Nürnberg nach Fürth, deren Schienen er als Leitung benutzen wollte, entdeckte Steinheil 1838 eine wesentliche Einsparmöglichkeit mit der Erdleitung. Obwohl er über eine sechs Kilometer lange Versuchsstrecke verfügte und beachtliche 40 Zeichen in der Minute übertragen konnte, blieb sein größter Wunsch unerfüllt. Eine Regierungskommission konnte sich nicht entschließen, die Eisenbahnlinie von Nürnberg nach Fürth dauerhaft mit den Apparaten Steinheils auszurüsten.

Es sei noch erwähnt, daß in der preußischen Stadt Neiße im Jahre 1838 zwei Geschäftsleute einen selbstentwickelten elektromagnetischen Glockentelegraphen installierten. Das war der erste elektrische Telegraph Preußens.

Ganz anders verlief die Entwicklung dort, wo der Eisenbahnbau und die Industrialisierung weiter vorangeschritten waren. Bei einem Besuch in Deutschland lernte 1836 der englische Autodidakt William Fothergill Cooke (1806-1879) den Schillingschen Nadeltelegraphen kennen. Er begriff sofort die Bedeutung eines solchen Systems für die Eisenbahn und versuchte, eine eigene Vorrichtung zu bauen. Mit dem Jahresbeginn 1837 nahm an dieser Arbeit Charles Wheatstone (1802-1875) teil, und schon im Juli des Jahres konnten sie an der Eisenbahnlinie von London nach Birmingham ihren neuartigen Fünfnadeltelegraphen mit sechs Leitungen erproben. Cooke und Wheatstone hatten die Buchstaben auf einem Tableau aufgetragen und die Nadeln so angeordnet, daß immer zwei Nadelspitzen auf den entsprechenden Buchstaben zeigten. Die Versuche verliefen erfolgreich, schon am 12. Dezember 1837 erhielten beide ein Patent mit dem Titel "Verbesserungen beim Erzeugen von Zeichen und Anrufen an entfernte Stellen mittels über metallische Leitungen gesandter elektrischer Ströme".

Im praktischen Betrieb offenbarten diese Telegraphen allerdings noch viele Mängel. Deshalb ersetzten Cooke und Wheatstone sie später durch Einnadel- und Zweinadeltelegraphen, die alle Erwartungen erfüllten. Bereits 1840 ließ sich Wheatstone einen Zeigertelegraphen patentieren. Die Angabe des Zeichens geschah hier durch Stromstöße, die einen Zeiger schrittweise auf einer Zeichenscheibe bewegten. Jeder telegraphierte Buchstabe konnte direkt abgelesen werden, was den praktischen Einsatz sehr begünstigte.

In Deutschland kamen derartige Telegraphen zum ersten Male 1843 an der Eisenbahnlinie von Aachen nach Ronheide zum Einsatz. Cooke und Wheatstone verkauften 1846 ihre Patente an die neu gegründete "Electric Telegraph Company", die den englischen Markt, auch durch das Aufkaufen anderer Entwicklungen, fast konkurrenzlos beherrschte. Schon 1848 besaß England ein allgemein zugängliches privates elektrisches Telegraphennetz.

Interessante Versuche zur Erhöhung der Telegraphiergeschwindigkeit unternahm der englische Feinmechaniker Alexander Bain (1810-1877). Er stellte 1843 einen "Kopiertelegraphen" vor, bei dem man Morsezeichen vor dem Telegraphieren in ein Papierband stanzte und dieses Band dann im Sender abtastete. Der Versuch scheiterte allerdings noch an den Gleichlaufproblemen von Sender und Empfänger. Auf dem Kontinent entwickelte in der Mitte der vierziger Jahre der französische Feinmechaniker François Clément Breguet (1808-1883) einen Zwei-Nadel-Telegraphen, und in

Deutschland begann Werner von Siemens (1816-1892) im Jahre 1846 mit dem Bau von Zeigertelegraphen, die wenig später große Verbreitung bei der Eisenbahn und als Feuermelder fanden.

Einen als sensationell empfundenen Erfolg verzeichnete man am Neujahrstag des Jahres 1845 in England. Ein vom Wheatstonschen Bahn-Telegraphen übermittelter Steckbrief führte zur Identifizierung und Festnahme eines flüchtigen Mörders im Bahnhof von Paddington.

Die Weiterentwicklung der Schreibtelegraphie und ihre Einführung ist vor allem mit dem Wirken des Malers Samuel Finley Breese Morse (1791-1872) verbunden. Auf der Rückfahrt von einer seiner mehrjährigen Europareisen soll er 1832 von einem mitreisenden Passagier von Versuchen mit elektrischen Telegraphen erfahren haben. Zwischen 1835 und 1837 arbeitete Morse an einer eigenen Konstruktion. Zuerst baute er einen Apparat, der denkbar einfach konstruiert war. Ein Schreibstift zog auf einem Papierstreifen eine gerade Linie. Bei Stromschluß wurde dieser Stift durch einen erregten Elektromagneten nach der Seite abgelenkt. War der Strom kürzer oder länger geschlossen, so entstand auf dem Papierstreifen eine Spitze oder eine kurze Gerade. Aus diesen beiden Elementarzeichen setzte sich das ganze Alphabet zusammen. Die Stromunterbrechungen beim Sender erzeugte Morse anfangs mit einer fortlaufenden Schablone, durch die ein Schalter gesteuert werden konnte. Die "Typen" auf der Schablone mußten vor dem Senden zusammengesetzt werden.

Am 4. September 1837 präsentierte Morse an der Universität in New York seine Konstruktion, die er auf seine Staffelei aufgebaut hatte, und 1838 erhielt er darauf ein amerikanisches Patent. In den nachfolgenden Jahren strengte Morse zahlreiche Prozesse an, um auch in Europa Patentschutz zu erhalten, aber lediglich in Frankreich gelang ihm dieses Vorhaben. In Europa führte 1838 Arago in der französischen Akademie als erster einen der von Morse gebauten Telegraphen vor. In Deutschland war zu dieser Zeit der Telegraph Steinheils, der zuverlässiger arbeitete, schon geschützt. In den Vereinigten Staaten gründete Morse mit einigen begüterten Teilhabern eine Firma zur Herstellung und zum Vertrieb der Telegraphen. Inzwischen hatte er Verbesserungen vorgenommen, insbesondere das umständliche Senden mit der Schablone aufgegeben und an ihrer Stelle die von ihm 1840 erfundene "Morsetaste" eingeführt.

Abb. 5   Zweiter Telegraphenapparat von S. Morse mit Gewichtsantrieb
           (Nachbildung), 1846

Der Kongreß genehmigte der Gesellschaft im Frühjahr 1843 den Bau einer Versuchsanlage über 64 Kilometer an der Bahnlinie von Washington nach Baltimore/Maryland. Nach ihrer Fertigstellung im

Mai 1844 nutzte man diese Freileitungsverbindung sowohl für die Eisenbahn als auch für die Öffentlichkeit. In den folgenden Jahren entstand in den USA ein ausgedehntes Netz von Telegraphenlinien. Die Ausnutzung des elektrischen Stromes für telegraphische Zwecke ging bis in die vierziger Jahre hinein nur langsam voran. Die Gründe dafür lagen in der immer noch funktionstüchtigen optischen Telegraphie, sowie in oft undurchsichtigen Sicherheitsinteressen, mangelndem Verständnis der Öffentlichkeit und der geringen Zuverlässigkeit und Betriebssicherheit der vorgestellten Apparate.

Abb. 6   Elektromagnetischer Zeigertelegraph mit Selbstunterbrecher von Siemens, 1846

Vom Draht zum Kabel

Nachdem in der Mitte des vorigen Jahrhunderts die installierten elektrischen Telegraphen ihre Zuverlässigkeit und Betriebssicherheit weitgehend nachweisen konnten, konzentrierte man sich aus wirtschaftlichen, militärischen und politischen Erwägungen auf den Fernverkehr. Die Möglichkeiten, die sich damit eröffneten, waren schon bald Gegenstand gesellschaftspolitischer Diskussionen, die sowohl die Anwendung elektrischer Telegraphen als auch die wissenschaftliche Arbeit erheblich beeinflußten. Das militaristische und imperiale Verständnis der Telegraphie dominierte dabei nicht selten.

Abgesehen von den frühen Versuchen Sömmerrings und Steinheils existierten für die Herstellung und Verlegung von Unterwasserverbindungen zur Flußdurchquerung und zur Überbrückung größerer Wasserflächen kaum Erfahrungen. Diese Probleme konnten auch nicht allein von den Nachrichtentechnikern gelöst werden, denn neben der Isolierungsproblematik mußten Fragen der Zug- und Bruchfestigkeit, der Auslotung von Meerestiefen, der sich auch daraus ableitenden Verlegungstechnologie und physikalische Phänomene geklärt werden. Die technische Lösung des Problems war das Kabel. Diese werden als luft- und feuchtigkeitsdichte isolierte elektrische Leiter ausgeführt und mit einer Umhüllung versehen.

Das sogenannte symmetrische Fernmeldekabel hat zwei zueinander zugeordnete Adern, die mit entgegengesetzt gleichen Signalspannungen gegenüber dem Erdpotential betrieben werden. Die isolierten Leiter werden bei der einfachsten symmetrischen Leitung je zwei zu Paaren verseilt, zumeist sind es aber mehr. Eines der gravierendsten Probleme für die Herstellung von See- und Landkabeln war die entsprechende Isolation.

Große Verdienste um die Lösung der damit verbundenen Fragen erwarb sich Wilhelm Siemens (1823-1883), ein Bruder von Werner von Siemens, der in England lebte und für seine Verdienste geadelt wurde. Ab 1858 leitete Wilhelm Siemens die Londoner Filiale des Unternehmens in Woolwich, das sich später "Siemens Brothers" nannte und an allen großen Kabellegungen mit seinen Seekabeln beteiligt war. Nach den ersten Fehlschlägen arbeitete man sehr intensiv an der Lösung der Probleme und fand auch bald brauchbare Lösungen. Zur Isolierung verwendete man das schon seit den vierziger Jahren bewährte und von Werner von Siemens für Landkabel benutzte Guttapercha. Dieser eingetrocknete Milchsaft eines im malayischen Raum vorkommenden Baumes bleibt bei Kälte unelastisch und hart, erweicht sich aber bei Erwärmen. Die englische Regierung erteilte 1859 ein Patent auf eine Mischung von Guttapercha, Holzteer und Colophonium, die sich unter der Bezeichnung "Chatterton-Compound" für Kabelisolierungen noch besser eignete als das reine Guttapercha. Außen besaßen die Kabel Messing- und Eisenbewehrungen, die geteert waren. Die Frage nach einer Verstärkungsmöglichkeit der Signale blieb vorerst unbeantwortet - ein Nachteil, den die Kabeltelegraphie aber in Kauf nahm und durch Geräte mit sehr hoher Empfindlichkeit zu kompensieren suchte. Auch wenn die Kabel funktionierten, gab es doch immer wieder Phänomene, die einen kontinuierlichen und störungsfreien Betrieb sehr beeinträchtigten.

So bat man schon 1851 den Physiker William Thomson (1824-1907), der sich nach seiner Erhebung in den Adelsstand Lord Kelvin nannte, um fachlichen Rat, denn die Signale kamen oft entstellt an. Der Gelehrte löste 1853 mit der Entdeckung der sogenannten "Thomsonschen Schwingungsgleichung", die den Zusammenhang von Induktivität, Kapazität und der Resonanz-Kreisfrequenz bei einem Schwingkreis klärte, im grundsätzlichen das Problem. Von großer praktischer Bedeutung war auch das von ihm für den transatlantischen Verkehr erdachte Spiegelgalvanoskop mit dem sehr sensiblen Heberschreiber.

Eine andere hervorhebenswerte Schwierigkeit war die Finanzierung derart großer Projekte, die in jedem Falle finanzkräftige Konsortien erforderte. Die mehrfach fehlgeschlagenen Versuche kosteten die "Atlantic Telegraph Co. of New York, New Foundland and London" weit über zehn Millionen Mark. Einige Beispiele sollen verdeutlichen, welches Ausmaß die Installation der Kabel besaß. Für die Atlantiküberquerung mußte man Kabel in einer Länge von über 4500 Kilometern und mit einem Gewicht von 4000 Tonnen herstellen und um mehr als 3000 Meter auf den Meeresboden absenken. Für die transatlantischen Kabellegungen von 1865 bis 1869 benutzte man das damals größte Schiff der Welt, die "Great Eastern". Sie war 210 Meter lang, mit 27000 Bruttoregistertonnen in das Schiffsregister eingetragen und mit Schaufelrädern und Schrauben ausgerüstet.

Das erste submarine Kabel verlegte man im Sommer 1850 zwischen Sangatte bei Calais und Dover. Diese Verbindung war nur kurze Zeit betriebsfähig. Unzureichende Isolierung und fehlende Armierung des Kupferdrahtes, nach anderen Quellen auch die mutwillige Zerstörung durch einen Fischer, der das Kabel herausgezogen, für eine Seeschlange gehalten und zerhackt habe, erforderten eine erneute Verlegung. Im September 1851 wurde dieses nun dauerhaft funktionstüchtige Seekabel gelegt und nach der Erprobung am 13. November 1851 zur öffentlichen Benutzung freigegeben. Dieser erste Erfolg führte schon bald zu weiteren Kabellinien, so 1853 zwischen England und Irland. Die Verlegung eines Seekabels von Cagliari auf Sardinien nach Bona in Nordafrika warf allerdings neue Probleme auf. Mehrfach scheiterte die Expedition durch den Abriß des Kabels. Die englische Firma wandte sich hilfesuchend an Werner von Siemens, der die Bremsvorrichtung mit einem speziellen Dynamometer versah. Später wurde diese Konstruktion bei allen Kabelarbeiten im Tiefseebereich erfolgreich angewandt.

Abb. 7   Verlegen eines Seekabels zwischen Kap Grinez bei Calais und
          Dover durch den Dampfer "Goliath" (Holzschnitt), im August
          1850

Diese erfolgreichen Bemühungen um den Ausbau der Kabeltelegraphie führten schon bald zu den ersten Aktivitäten für eine transatlantische Verbindung.

Am 10. März 1854 gründete der amerikanische Unternehmer Cyrus West Field (1819-1892) die "Atlantic Telegraph Co. of New York, New Foundland and London". Zu den ersten Mitgliedern der Gesellschaft gehörte auch Morse. Es dauerte allerdings über drei Jahre, bevor die finanziellen Mittel aufgebracht werden konnten, um einen ersten Versuch wagen zu können. Das am 6. August 1857 begonnene Experiment scheiterte schon nach fünf Tagen, Ursache waren ein Kabelabriß, denn das Siemenssche Brems-Dynamometer gab es zu diesem Zeitpunkt noch nicht, und das schlechte Wetter. Sicher muß auch in Rechnung gestellt werden, daß die Schiffsmannschaften keine Erfahrungen besaßen und manche unvorhersehbare Schwierigkeit hinzukam.

Schon ein Jahr später versuchte man es zum zweiten Mal, nun mit zwei Schiffen, die sich in der Mitte der Verlegestrecke trafen und die Kabel nach Osten und Westen verlegten. Hier stellte sich zum ersten Male der Erfolg ein, wenn auch nur für 23 Tage. Bis zur endgültigen Unbenutzbarkeit des Kabels konnten mehr als 400 Depeschen ausgetauscht werden, darunter die Nachricht, daß eine Truppenmobilisierung einiger in Kanada stationierter Verbände Englands gegen Aufständische in Indien nicht mehr notwendig sei, da diese Erhebung inzwischen niedergeschlagen worden war. Allein diese schnelle Benachrichtigung ersparte England Aufwendungen in etwa der Hälfte der Verlegungskosten.

Die Ursachen für das technische Versagen liegen mit hoher Wahrscheinlichkeit in der Verwendung eines nur 16 Millimeter starken Kabels. Als die telegraphierten Signale kaum noch registriert werden konnten, benutzte man, entgegen dem Rat des bedeutendsten englischen Theoretikers der Kabeltelegraphie, Lord Kelvin, zu hohe Ströme und zerstörte damit das Kabel endgültig.

Nach diesem Rückschlag dauerte es relativ lange, bis sich erneut Enthusiasten und Geldgeber zusammenfanden. Erst im August 1865 konnte man die Mittel für einen neuen Versuch aufbringen, aber das Kabel zerriß wiederum, nachdem schon 2200 Kilometer verlegt waren. Doch am 27. Juli 1866 war es dann soweit: Unter der wissenschaftlichen Leitung von Lord Kelvin gelang es, im inzwischen vierten Versuch, eine dauerhafte telegraphische Verbindung zwischen der Alten und der Neuen Welt zu schaffen. Da man auch noch das im Vorjahr abgerissene Kabel wiederfand und reparieren konnte, standen bald zwei Strecken zur Verfügung.

Obwohl allein die Unternehmungen von 1865 und 1866 über 12 Millionen Mark gekostet hatten, war der telegraphische Betrieb von nun an ein gewinnbringendes Geschäft. Anfangs betrug zum Beispiel die Worttaxe 20 Mark. Mit der erfolgreichen Auslegung des Transatlantikkabels erübrigte sich auch ein etwas phantastisches Projekt, das man im Sommer 1865 begonnen hatte. Es sollte eine Telegraphenverbindung von New York nach Paris über Alaska, die Beringstraße und Sibirien nach Mitteleuropa gebaut werden. Nach der Verlegung des Transatlantikkabels setzte ein regelrechter Verlegungsboom ein, der unter anderem auch zu der am 1. Mai 1888 vereinbarten internationalen Kabelschutzkonvention führte, die 28 Staaten unterzeichneten. Schon 1874 baute eine englische Werft ein Spezialschiff für Tiefseekabellegungen mit 4917 Bruttoregistertonnen, 111 Meter Länge und Doppelschraubenantrieb. Allein mit diesem Schiff verlegten bis 1923 die Eigner 60 000 Kilometer Kabel, davon waren zehn Atlantikkabel. Das erste internationale deutsche Kabel nahm 1873 zwischen Cuxhaven und dem damals noch englischen Helgoland den Betrieb auf. Ab dem 1. September 1900 besaß Deutschland ein eigenes Transatlantikkabel von Borkum

über die Azoren nach New York. Diese Verbindung war vornehmlich unter militärischen Gesichtspunkten hergestellt worden. In einem sich damals schon abzeichnenden Konflikt mit England hätte
man keine internationale Linie von Bedeutung mehr nutzen können.
Zu den großen Leistungen der praktisch tätigen Techniker und Ingenieure gehört ohne Zweifel die am 8. Dezember 1902 eröffnete
14 500 Kilometer lange Südseelinie. Das Kabel mußte hier bis in eine Tiefe von 6 100 Meter verlegt werden; 6 400 Kilometer waren
ununterbrochene Seestrecke. Um die Jahrhundertwende existierten
bereits über 300 000 Kilometer submarine Kabel, über zwei Drittel
davon kontrollierte England.

Weit weniger spektakulär als die Verlegung der Seekabel verliefen
die entsprechenden Arbeiten auf dem Lande. Auch hier hatte man
sich anfangs mit unangenehmen Tatsachen auseinanderzusetzen.
So mußten die meisten der in Preußen bis 1849 unterirdisch verlegten Leitungen bis in die erste Hälfte der fünfziger Jahre wegen
mangelhafter Isolation wieder aufgegeben werden. Ein gewichtiger
Unterschied bestand auch zwischen dem Bedürfnis nach See- und
dem nach Landkabeln. Seekabel verlegte man dann, wenn sich
keine andere Möglichkeit der elektrischen Nachrichtenübertragung
bot, die Landkabel waren in aller Regel der Ersatz für die witte-
rungsanfälligen Freileitungen, deren wachsende Zahl in den größeren Städten zu einem unübersehbaren Gewirr auf den Dächern
geführt hatte.

Im März 1876 tobten in Preußen orkanartige Stürme. Die dadurch
hervorgerufenen Schäden an den der Telegraphie dienenden Freileitungen waren so erheblich, daß in einer nachfolgenden Reichs-

tagsdebatte die Untergrundverkabelung gefordert wurde. Der deutsche Generalpostmeister Heinrich von Stephan (1831-1897) projektierte daraufhin das sogenannte Reichstelegraphennetz, welches 1881 mit 5460 Kilometer Länge fertiggestellt werden konnte.

Die Benutzung von See- und Landkabeln zur Informationsübertragung gehört auch heute, im Zeitalter der drahtlosen Verbindungen und der Satellitentechnik, nicht ganz der Vergangenheit an. So hat die 1921 gegründete deutsche Fernkabel Gesellschaft mbH seit dem Kriegsende über 90 000 Kilometer Nachrichtenfernkabel verlegt.

Telegraphieren - mehr als ein Hobby

Im Jahre 1845 bot Morse der amerikanischen Regierung die Nutzungsrechte für seine Telegraphenanlage zum Preis von 100 000 $ an. Obwohl diese an der Rentabilität der elektrischen Telegraphie zweifelte und das Angebot ablehnte, gab sie privaten Gesellschaften das Recht, Telegraphenanlagen zu errichten. Von diesem Zeitpunkt an kann man von einer kommerziellen Nutzung der elektrischen Telegraphie sprechen. Schon 1851 hatten sich in den USA 30 private Gesellschaften etabliert. Sie versuchten auch, in den entwickelteren europäischen Ländern Fuß zu fassen.

In Deutschland erschien erstmals in der Mitte des Jahres 1847 in einer Hamburger Zeitung eine Anzeige, die "...den geehrten Kaufleuten, Eisenbahn-Compagnien und Allen, welche sich für rasche Communicationen interessieren.." die "...Anlegung von electromagnetischen Telegraphen nach der amerikanischen Methode..." empfahl. Die Resonanz blieb gering, denn die staatliche Monopolstellung verhinderte die Installation privater Netze weitgehend. Wenig Erfolg hatten die amerikanischen Unternehmen auch in England und Frankreich, die überdies ihre eigenen Entwicklungen bevorzugten.

In Deutschland war der Ersatz der optischen Telegraphenlinie von Hamburg nach Cuxhaven im Jahre 1848 ein erster bescheidener Fortschritt. Insbesondere die Hafenbehörden unterstützten eine Verbindung, die auch bei Dunkelheit, Nebel und Regen funktionierte. Das von Morse entwickelte Alphabet ersetzte man durch das sogenannte "Hamburger Alphabet" von Friedrich Clemens Gerke (1801-1888). Es bestand ausschließlich aus Punkten und Strichen gleicher Länge und wies keine unterschiedlich langen Pausen mehr auf wie das von Morse. Der 1850 in Dresden gegründete Deutsch-Österreichische Telegraphen-Verein legte es seinem Einheitsalphabet zugrunde und nannte es zu Ehren Morses "Morsealphabet". Weitaus größere Schwierigkeiten entstanden den potentiellen Nutzern - wie vor allem den Eisenbahnen - dann, wenn sie selbst Telegraphennetze aufbauen wollten. Ein repräsentatives Beispiel für die schwankende Haltung der Behörden bietet Preußen: Am 16. Oktober 1839 wandte sich der Direktor der preußischen optischen Telegraphie und Oberstleutnant beim Generalstab, Franz August O' Etzel, später von Etzel (1783-1850), mit einer Denkschrift zur Weiterentwicklung der Telegraphie an die Regierung. Der Verfasser setzte sich vor allem für den Einsatz der elektrischen Telegraphie an Eisenbahnlinien ein. Er hob nicht nur die schon bekannten Vorteile der elektrischen Telegraphie hervor, sondern verwies zum Beispiel auf die verbesserten Möglichkeiten zur Verbrechensbekämpfung und auf die Personaleinsparung [ETZ1839]. Aber gerade das Argument der Personaleinsparung dürfte die ablehnende Haltung zu dieser Denkschrift in der preußischen Regierung gefördert haben. Etzel meinte nämlich, daß Angestellte der Eisenbahn die elektrische Telegraphie betreiben sollten und nicht "Militärpersonen", wie bei den optischen Staatstelegraphen. Den Verweis auf die Kostenersparnis bei der gleichzeitigen Verlegung von Eisenbahnschienen und Telegraphenleitungen bewertete die Regierung offensichtlich geringer als die Aussicht, daß Zivilisten unkontrolliert telegraphieren könnten. In der Folgezeit gewährte man Etzel zwar einige Versuche, so 1841 an der Strecke von Berlin nach Potsdam, aber größere Fortschritte erreichte erst die "Kommission zur Anstellung von Versuchen mit electro-magnetischen Telegraphen", die seit 1846 unter der Leitung von Etzel arbeitete. Die Kommission stellt fest, daß die elektrische Telegraphie vor allem die Sicherheit erhöhe und die Durchlaßfähigkeit der Eisenbahnen verbessere und deshalb eingeführt werden sollte. Auch über die Frage der Kosten konnte man sich offensichtlich mit den interessierten Bahnverwaltungen einigen.

Strittig blieb wiederum, welche Personen telegraphieren dürften. Der Kriegsminister hatte "Bedenken" geäußert, weil die Telegraphisten keine Staatsdiener seien. Daraufhin verschärfte man nochmals die Kriterien. So sollte ein "Staats-Kommissarius" bei der Auswahl, der Aufsicht und der Entlassung der mit der Telegraphie betrauten Angestellten Entscheidungsbefugnisse erhalten. Außerdem empfahl man, daß der telegraphische Verkehr nur von einer Station zur nächstgelegenen möglich sein sollte und über die Nachrichten genaue Journale anzulegen seien.

Die Kommission widersetzte sich aber der Auffassung, daß die Eisenbahnverwaltungen für den telegraphischen Dienst Staatsbeamte einstellen müßten. Als Hauptargument gegen eine derartige Regelung dienten die ökonomischen Interessen der Eisenbahnverwaltungen: "Es ist sehr zu bezweifeln, ob die Eisenbahngesellschaften, wenn ihnen die Erlaubnis nicht erteilt wird, auf ihre Kosten electromagnetische Telegraphen einrichten werden, da den Eisenbahngesellschaften eine Verpflichtung nicht obliegt, dieselbe daher diese Einrichtung nur gegen lästige Bedingungen geben werden, wodurch solche unter Hinzurechnung der Kosten, welche durch die Ausführung bloß für Staatsrechnung entstehen, auf eine Weise verteuert werden würde; daß davon ganz abgesehen werden müßte." [ETZ 1847] Die Einberufung von derartigen Ausschüssen widerspiegelt die fatale Situation, in welche die preußische Regierung unter Friedrich Wilhelm IV. (1795-1861) geraten war. Einer-

seits konnte sie sich nicht länger den neuen technischen Möglichkeiten verschließen, andererseits fürchteten die herrschenden Kreise, daß eine unkontrollierte Telegraphie die Opposition be-
günstigen könnte. Die restaurative Politik konnte nicht verhindern,
daß am 17. April 1849 die elektrische Telegraphie an der Bahnlinie
von Berlin nach Hamburg nach einem seit 1841 andauernden Streit
mit der Hamburger Bürgerschaft in Betrieb genommen werden
konnte. Später mußte die Regierung sogar die Einrichtung von öffentlichen Telegraphenstationen in Bahnhöfen zugestehen.

Den Ausschuß unterstellte man zuerst dem Kriegs- und dem Fi-
nanzministerium. Nach der Revolution von 1848 war die preußische
Regierung auch hier zu Zugeständnissen gezwungen. Nachdem
man am 9. Februar 1849 eine "Kommission für die Verwaltung der
Staatstelegraphen" gebildet hatte, die dem Ministerium für Handel,
Gewerbe und öffentliche Arbeiten unterstellt und gleichzeitig der Zi-
vilverwaltung des General-Postamtes angegliedert war, erfolgte am
23. März 1849 die Gründung der "Königlichen Telegraphendirektion", in der man allerdings den verdienstvollen Förderer der elektrischen Telegraphie in Preußen, v. Etzel, nicht berücksichtigte. Nach
einer kurzen Phase der Leitung mit einer Kollegialverfassung er-
nannte der preußische König einen Repräsentanten des Kriegsmi-
nisteriums zum Direktor der "Königlichen Telegraphendirektion".

Etwas anders verlief der Aufbau der "Staatstelegraphie". Für sie trat
die Berechtigungsfrage in den Hintergrund, da von vornherein nur
Militärs oder Beamte, d. h. auf den Staat vereidigte Personen, in
Frage kamen. Hier war es die Denkschrift des jungen preußischen
Artillerieleutnants Werner v. Siemens an die "Kommission zur Anstellung von Versuchen mit electro-magnetischen Telegraphen", die
der Entwicklung sehr diente. Siemens stellte gleichzeitig den ihm im

Oktober 1847 patentierten Zeigertelegraphen vor. Entwickelt hatte diese Konstruktion Siemens schon Ende des Jahres 1846, Georg Johann Halske (1814-1890) baute sie nach dessen Entwürfen. Die von Werner v. Siemens und Georg Halske am 1. Oktober 1847 in Berlin gegründete "Telegraphen-Bau-Anstalt" konnte trotz der vielfältigen Widerstände schon bald auf erste Erfolge verweisen, indem sie sich in ihrer Geschäftsstrategie auf die "Staatstelegraphie" konzentrierte. Schon wenige Monate nach der Gründung der "Telegraphenbauanstalt" begann Siemens mit dem Aufbau des "Staatstelegraphennetzes". Begünstigend auf die nunmehr schnellere Installation von Telegraphenlinien wirkten sich auch hier die revolutionären Ereignisse vom März 1848 aus. Am 24. Juli 1848 ordnete der preußische König an, zwischen Berlin und Frankfurt am Main und zwischen Berlin und Köln mit der Option einer Weiterführung zur belgischen Grenze, elektrische Telegraphenlinien zu errichten. Die Linie von Berlin nach Frankfurt am Main konnte im März 1849 in Betrieb genommen werden.

Die erste offizielle telegraphische Nachricht ließ die in der Paulskirche tagende Nationalversammlung übermitteln. Sie hatte am 28. März 1849 den preußischen König zum deutschen Erbkaiser gewählt. Friedrich Wilhelm IV. lehnte die neue Würde allerdings ab, weil er sich davon keinen Machtgewinn für Preußen versprach.

In den Jahren 1848 und 1849 baute Siemens außerdem die Verbindung von Berlin nach Köln. Mit dem erfolgreichen Abschluß der Arbeiten konnte bewiesen werden, daß sowohl im Kabel- als auch im Freileitungsbetrieb geeignete Isolierungen gefunden worden waren. Die mit einer Rufeinrichtung verbesserten Geräte arbeiteten im Dauerbetrieb zuverlässig. Diese Projekte interessierten zunehmend auch das Ausland. So hielt Werner von Siemens am 15. April 1850 zu diesem Thema einen vielbeachteten Vortrag an der Académie des Sciences in Paris.

Obwohl die Militärs gegen eine kommerzielle Nutzung der Telegraphen die bekannten Einwände geltend machten, trat am 1. Oktober 1849 die Freigabe für den privaten Verkehr in Kraft. Ausschlaggebend für diesen Schritt waren einerseits Kostengründe, andererseits konnten sich selbst die Stützen einer konservativ-restaurativen Politik dem Druck der bürgerlichen Opposition nicht mehr verschließen. Es waren vor allem die Telegraphenvereine von Preußen, Bayern, Österreich und Sachsen, die ab 1850 engagiert für die am Ausbau der Telegraphie interessierten Kreise eintraten. Die Freigabe erwies sich bald als recht gewinnbringend. So betrugen im Jahre 1856 die Einnahmen 570 000 Taler, die Ausgaben aber nur 271 000 Taler, so daß ein Gewinn von über 100% entstand.

Die Erfolge der elektrischen Telegraphie waren so groß, daß man auch dem Vorschlag von Siemens zustimmte, in Berlin ein Feuermeldernetz zu installieren. Dieses konnte 1851 fertiggestellt werden. Zu den wichtigsten Nutzern der "Staatstelegraphie" gehörten Nachrichtenagenturen und große Zeitungen. Schon Ende des Jahres 1848 veröffentlichte die in Berlin erscheinende "Nationalzeitung" erste telegraphisch übermittelte Berichte. Im gleichen Jahr entstand in New York die Agentur "Associated Press". In Berlin war es der Verleger und Buchhändler Benda Wolff (1811-1879), der 1849 mit der telegraphischen Verbreitung von Meldungen begann, und 1851 verlegte Paul Julius Reuter (1816-1899) seine Aachener Depeschenagentur nach London. Allen gemeinsam war, daß sie Nachrichten kauften und verkauften. Dort, wo es die elektrische Telegraphie gab, nutzten sie diese, um durch den Neuheitswert der

Meldungen höhere Gewinne zu erzielen. Bald gehörten zu den Kunden nicht nur Tageszeitungen, sondern auch Börsen, Wirtschaft und Politik.

Eine anschauliche Übersicht zur Nutzung der Telegraphen in Preußen bietet die nachstehende Tabelle zum Telegrammaufkommen von 1851 bis 1856 [OBE 82]:

Jahr	Depeschen			
	Staats-	Dienst-	Eisenbahn-	Privat-
1851	5 557	-	5 537	28 878
1852	9 766	-	4 536	34 447
1853	9 270	-	5 496	70 095
1854	5 151	4 101	3 751	102 474
1855	7 172	6 173	4 837	134 638
1856	8 235	7 054	4 083	202 039

Ab 1855 konnten in Preußen auch private Unternehmer Telegraphenlinien betreiben; die staatlichen Auflagen mußten aber gewissenhaft befolgt werden, anderenfalls drohte man mit der Beschlagnahmung aller Einrichtungen. Die elektrische Telegraphie nutzten jedoch nicht nur Industrielle und andere Unternehmer aus dem Bürgertum, sondern die feudalen Machthaber überwachten mit ihrer Hilfe bürgerlich-liberale und "umstürzlerische" Bestrebungen.

Wie stark die Vorbehalte gegen den industriellen Fortschritt, die technische Entwicklung, die wachsenden Möglichkeiten der Kommunikation und die damit verbundenen kulturellen Veränderungen dennoch waren, belegt eine Rede, die der König von Preußen 1849 vor Lehrerbildnern hielt:

"All das Elend, das im verflossenen Jahre über Preußen hereingebrochen ist, ist ihre, einzig ihre Schuld, die Schuld der Afterbildung, der irreligiösen Massenweisheit ... Nicht den Pöbel fürchte ich, aber die unheiligen Lehren einer modernen frivolen Weltweisheit vergiften und untergraben mir eine Bureaukratie, auf die bisher ich stolz zu sein glauben konnte."[LAE 1977]

Bau und Betrieb von Telegraphie-Fernstrecken erreichten in den sechziger und siebziger Jahren ihren Höhepunkt. Sowohl eine immer mehr ausgereifte Technik als auch die nun mögliche unmittelbare Information über Ereignisse, von denen man früher mit Verzögerung oder gar nicht erfuhr, sicherten jeder Einweihung eine große Publizität. Am 24. Oktober 1861 fand die feierliche Eröffnung der Telegraphenlinie von New York nach San Francisco statt. Diese Linie mit nahezu 6000 Kilometer Länge war die erste transamerikanische Verbindung.

Abb. 8   Typendrucker mit Motorenantrieb nach D. E. Hughes, 1856

Acht Jahre später trat diese noch einmal in den Mittelpunkt des Interesses. Als die erste ganz Amerika querende Bahnlinie von New York nach Sacramento fertiggestellt war, feierte man dieses Ereignis mit dem Einschlagen eines Goldbolzens in die letzte Schwelle in Promontory Summit am Großen Salzsee in Utah. Der Silberhammer war durch einen Draht mit dem nächsten Telegraphen verbunden. Jeder Schlag konnte auf diese Weise auf allen Stationen entlang der gesamten Strecke "empfangen" werden.

Zu den Großtaten auf diesem Gebiet gehört auch der Bau der Strecke von London über Teheran nach Kalkutta. Die Siemens-Firmen Berlin, London und St. Petersburg errichteten diese indoeuropäische Linie über 18000 Kilometer, und zwar vornehmlich als Landverbindung. Der Probebetrieb zwischen London und Teheran begann am 1. Februar 1870. Im April des gleichen Jahres war die gesamte Strecke fertiggestellt. Bis 1931 blieb diese Telegraphenlinie in Betrieb.

Schon bei den ersten Versuchen, mehr aber noch während des Ausbaus der elektrischen Telegraphie, stellte man sich die Frage, wie eine direkt lesbare schriftliche Aufzeichnung der telegraphierten Signale erfolgen könnte. Erste Versuche, vorhandene Zeigertelegraphen entsprechend umzukonstruieren, soll schon 1837 ein Gehilfe von Morse unternommen haben. Versuchseinrichtungen erprobten Wheatstone 1841 und Morse 1847, aber Erfolg hatte erst David Edward Hughes (1831-1900) mit dem Typendrucktelegraphen. Die Schriftzeichen sind hier auf dem Rand eines Typenrades aufgebracht. Die Typenräder werden im Sender und im Empfänger durch einen Elektromotor synchron gedreht. Sendet man durch Druck auf eine Tastatur ein Schriftzeichen, so wird in diesem Augenblick ein Stromstoß ausgelöst. Im Empfänger steht das gleiche

Schriftzeichen einem Magneten gegenüber, und durch das elektrisch ausgelöste Andrücken wird das Zeichen auf einen dazwischen laufenden Papierstreifen gedruckt. Mit 28 Tasten ließen sich durch Umschalten 56 Zeichen übertragen. Diesen 1855 patentierten Apparat empfahl 1868 die am 17. Mai 1865 gegründete "Internationale Telegraphen-Union" zur technischen Nutzung. Diese Organisation war auf Betreiben von Napoleon III. (1808-1873) mit 20 Mitgliedsländern gegründet worden. Seit 1932 trägt die Vereinigung den Namen "Union International des Télécommunication". Sie besitzt gegenwärtig 135 Mitgliedsstaaten.

Der Aufschwungs der elektrischen Telegraphie in den fünfziger Jahren des vorigen Jahrhunderts förderte theoretische Überlegungen ungemein. Es sind hier nicht die wissenschaftlichen und technischen Problemlösungen gemeint, wie sie bei der Kabeltelegraphie erreicht wurden, sondern grundsätzlichere, gewissermaßen nachrichtentheoretische. Die Telegraphen lassen sich vom Prinzip her in zwei große Gruppen einteilen: in solche, die nach dem Selektionsverfahren arbeiten, und in solche mit dem Codeverfahren.

Nach dem Selektionsverfahren konstruierte Telegraphen besitzen den gesamten Zeichenvorrat, die Nachricht wird durch die Auswahl der Elemente übertragen. Auf diesem Verfahren basierten die Telegraphen Sömmerrings, Ronalds und die Zeigertelegraphen von Wheatstone und Siemens. Gauß und Weber, Schilling von Cannstadt, Steinheil und Morse benutzten das Codeverfahren, bei dem die Elemente der Nachricht durch vereinbarte Zeichen bzw. Zeichenkombinationen übertragen werden.

Schon in der Anfangszeit der Telegraphie trachtete man danach, häufig vorkommende Zeichen mit einfachen Codes, seltenere mit umfänglicheren zu belegen. Von Werner v. Siemens ist bekannt, daß er im Jahre 1864 insgesamt 15 000 Telegraphenzeichen aus Telegrammen auszählte, um ihre Häufigkeit zu ermitteln. Die Übertragung der Zeichen läßt sich sowohl in der zeitlichen, seriell genannten, Abfolge realisieren oder gleichzeitig, also parallel. Im großen und ganzen setzte sich das serielle Codeverfahren durch, allerdings gab es Ausnahmen. So benutzten der Fünfnadeltelegraph von Wheatstone und Cooke aus dem Jahre 1837 und später der Schnelltelegraph von Jean Maurice Émile Baudot (1845-1903) Kombinationen.

Die Bemühungen um die Erhöhung der Zahl der zu übermittelnden Zeichen pro Zeiteinheit führten sowohl zum "Schnelltelegraphen", der mit Lochstreifen betrieben werden mußte und bis zu 1 000 Buchstaben in der Minute übertrug, als auch zur Mehrfach-Telegraphie. Für diese erhielten schon 1855 die Firma Siemens & Halske und der Ingenieur Carl Frischen (1830-1890) ein preußisches Patent. Baudot stellte erstmals 1874 seinen Schnelltelegraphen vor. Dieser Typendrucktelegraph besaß einen fünfstelligen Binärcode, mit dem 32 Strombilder geformt werden konnten. Auf der Senderseite gab man aus Zeitgründen die Zeichen parallel ein, die Übertragung erfolgte seriell. Im Empfänger speicherte man die ankommenden Signale wiederum parallel. Ein mit einem Druckwerk verbundener "Selektor" druckte die Zeichen in der richtigen Folge aus. Mit der Verkürzung der Pausen zwischen den Zeichen verbesserte sich die Ausnutzung der Telegraphenlinien. Im Jahre 1877 konnte die erste so ausgerüstete Strecke von Paris nach Bordeaux eingeweiht werden. Für die Landlinien konnten auch die Verstärkungsprobleme gelöst werden; hier entwickelte Werner v. Siemens mit dem polarisierten Dosenrelais eine durchdachte Lösung. Viele dieser Erkenntnisse gingen bald in die "Elektrotechnik" ein.

Weitere Forschungen erstreckten sich vor allem auf die Erhöhung der Geschwindigkeit, die Vereinfachung des Betriebes und die Beherrschung des Telegraphierens auf große Entfernungen.

Mit dem Aufkommen von Typentastschreibmaschinen in den neunziger Jahren des vorigen Jahrhunderts entstand das Bedürfnis, die Typendrucktelegraphen zu Schreibmaschinen weiterzuentwickeln. In den USA begann man um 1915 mit dem Bau der ersten Fernschreibmaschinen. Jedes Fernschreibzeichen besteht in diesen Apparaten aus fünf Binärzeichen, so daß 2^5 Kombinationen nach Buchstaben und Ziffern einschließlich der Sonderzeichen unterscheidbar sind. In einer Minute lassen sich bis zu 396 Zeichen übertragen. Die Anschlüsse und Vermittlungen werden als Gleichstromtelegraphie betrieben, während im Weitverkehr die Wechselstromtelegraphie dominiert, in der die Signale moduliert werden.
In Deutschland setzte die Reichspost erstmals 1926 aus den USA erworbene Fernschreiber, sogenannte "Springschreiber", zwischen Berlin und Chemnitz ein. Wenige Jahre später begann in Deutschland der amtliche Fernschreibverkehr. Die erste Strecke konnte am 16. Oktober 1933 zwischen Berlin und Hamburg eröffnet werden. Bald begann man, ein mit dem Telephonienetz übereinstimmendes öffentliches Telex-Netz aufzubauen. Die Bezeichnung ist ein Kunstwort nach dem englischen **Tele**printer **ex**change. Auch heute noch hat das Telex-Netz, vor allem für die Bürokommunikation, Bedeutung, wenn auch inzwischen das Fernkopieren dominiert. Neuere Fernschreiber bieten eine Unterstützung der Textverarbeitung mit Hilfe des Bildschirms und Zwischenspeicherungen. Der weltweite Selbstwählfernverkehr verbindet heute 1,7 Millionen Fernschreibstellen.

Abb. 9   Fernschreiber nach Cerebotani von der Fa. F. Deckel München,
          um 1900

Eine Erweiterung der Möglichkeiten der elektrischen Telegraphie stellte zweifellos die Bildtelegraphie dar. Sie funktioniert nach dem folgenden Prinzip: Im Sender beleuchtet ein Lichtstrahl ein auf eine Trommel gespanntes Original. Durch die Drehung und den Vorschub dieser Trommel wird die zeilenweise Abtastung ermöglicht. Das von den Bildpunkten reflektierte Licht mit unterschiedlichen Grauwerten wird auf eine Photozelle gerichtet und damit in ein elektrisches Signal umgesetzt. Im synchron laufenden Empfänger lenkt eine steuerbare Lichtquelle den Strahl auf ein lichtempfindliches Papier, das ebenfalls auf eine Trommel gespannt ist, und reproduziert so das Bild. Mit Hilfe der Bildtelegraphie lassen sich Festbilder mit beliebigen Grauwerten, Zeichnungen, Texte und Dokumente als Halbtonbilder übermitteln. Es ist möglich, Farbbilder durch getrennte Auszüge nach Blau, Gelb und Rot zu übertragen. Die bildtelegraphische Übertragung ist jedoch aufwendig, störanfällig und relativ langsam. Für ein Bild werden mehrere Minuten gebraucht.

Abb. 10   Bildtelegraph von Telefunken (Sender und Empfänger), um 1930

Besondere Verdienste auf diesem Gebiet erwarb sich der deutsche Physiker Arthur Korn (1870-1945). Ihm gelang 1904 mit dem "Telautographen" eine Bildübertragung von München nach Nürnberg und zurück. Drei Jahre später telegraphierte er Bilder auf einer Versuchslinie von München über Berlin nach Paris und London. Eine der größten Leistungen Korns war die drahtlose Übertragung von Bildern von Rom nach Bar Harbour in den USA im Jahre 1923.
Am 17. März 1908 veröffentlichte die englische Zeitung "Daily Mirror" das telegraphisch übermittelte Foto eines Diebes, der am Tage

zuvor in Frankreich wertvolle Juwelen gestohlen hatte. Ein Gastwirt erkannte auf dem Bild einen bei ihm abgestiegenen Gast und informierte die Polizei, so daß der Dieb daraufhin verhaftet werden konnte. Dieser Erfolg beeindruckte die Öffentlichkeit und nahm sie für die Bildtelegraphie ein. Zu den häufigsten Nutzern der Bildtelegraphie gehörten schon bald die Zeitungen und die Polizei.

Eine Kombination von Druck und Bildtelegraph war der 1933 vorgestellte Siemens-Hell-Schreiber. Hier wird jedes Schriftzeichen und jeder Abstand in zwölf senkrechte Bildspalten zerlegt. Je nach Größe und Form werden verschieden lange Striche oder Pausen auf eine sich bei dem Auslösen der Gebertaste einmal drehende Nockenscheibe mit zwölf Sektoren übertragen. Dabei erzeugen die Ansätze der Nockenscheibe, abhängig von der Länge der Striche, Stromimpulse. Auf der Empfängerseite wird danach ein Elektromagnet gesteuert, der ein fortlaufendes Papierband gegen eine Schreibschnecke drückt.

Mit dem Aufkommen des elektronischen Fernsehens verlor die Bildtelegraphie weitgehend ihre Bedeutung. Das Fernkopieren über öffentliche Telephonleitungen benutzt zwar das gleiche Prinzip - die Umsetzung von optischen Werten in elektrische Signale -, ist aber zuverlässiger, leichter zugänglich und schneller.

Der tönende Strom

Im Unterschied zur Telegraphie hatte die Telefonie lange Zeit nur regionale Bedeutung. Nicht die Erzielung einer maximalen Reichweite stand im Vordergrund, sondern die Installation von Ortsnetzen. In vielen Fällen verband man anfangs die Telegraphenstationen mit denen der Telefonie. Bis zum Aufkommen der Elektronenröhre lag der Grund für diese Beschränkung im Fehlen geeigneter Verstärkungsmöglichkeiten. Das Telegraphenrelais als digitales Verstärkerelement war hier nicht anwendbar.

Ein anderer Grund für das recht langsame Fortschreiten auf diesem Gebiet bestand darin, daß die Telegraphie zum Zeitpunkt des Aufkommens der Telefonie schon ausgebaut und technisch ausgereift war. Es ist deshalb wenig verwunderlich, daß die Entwicklung einer elektrischen Vorrichtung, mit der man Töne und Worte übertragen konnte, vorerst nur geringe Aufmerksamkeit fand.

Schon im Jahre 1837 hatte der amerikanische Physiker, Chemiker und Arzt Charles Grafton Page (1812-1868) entdeckt, daß ein dünner Eisenstab in einer Drehspule in akustisch hörbare Schwingungen versetzt werden kann, wenn man den Strom in schneller Folge unterbricht. Die Tonhöhe ist von der Zahl der Unterbrechungen abhängig. Eine exaktere Beschreibung der Telefonie formulierte erstmals der französische Telegraphenbeamte Charles Bourseul (1829-1907). In einem Artikel aus dem Jahre 1854 schreibt er: "Stelle man sich vor, man spreche nahe bei einer beweglichen Platte, die so biegsam ist, daß keine der Schwingungen verloren geht, die durch die Sprache hervorgebracht werden; daß diese Platte die Verbindung mit einer Batterie abwechselnd herstellt und

unterbricht, so könne man in einiger Entfernung eine andere Platte
haben, die zur selben Zeit genau dieselben Bewegungen ausführt."

Abb. 11   Schrank mit Telefonapparaten von P. Reis (Geber, Empfänger
          und drei Versuchsapparate)

Erfolgreiche experimentelle Arbeiten unternahm Bourseul nicht.
Dieses Verdienst kommt dem Lehrer Johann Philipp Reis (1834-
1874) zu. Schon in seiner Jugendzeit hatte dieser sich umfassend

naturwissenschaftlich gebildet und verschiedene renommierte Schulen besucht.

1851 trat er als siebzehnjähriger Schüler dem angesehenen Physikalischen Verein von Frankfurt am Main bei, der Vorlesungen zu naturwissenschaftlich-technischen Problemen für seine Mitglieder organisierte. Ab 1858 lehrte Reis in Friedrichsdorf im Taunus am privaten Garnierschen Institut, das er als Schüler besucht hatte.

Bei den Versuchen, die Reis in den fünfziger Jahren begann, stützte er sich auf die Vorarbeiten von Page und Bourseul. Seine Vorstellungen über die Konstruktion des Telefons waren weitgehend an der physiologischen Funktion des menschlichen Gehörs orientiert. Reis stellte sich ein Modell des Ohres aus Holz her, verwendete eine Membran aus Schweinsdarm und "Gehörknöchelchen" aus Platinstreifen. Sie steuerten durch den Kontaktdruck die Stromstärke. Dieses Prinzip verfolgte Reis in allen seinen Modellen des Senders. In den Empfängern nutzte er die Entdeckung Pages. Reis benutzte eine Stricknadel, die von einer Drahtspule umgeben auf einem Resonanzboden angebracht war. Die elektrische Übertragung von Sprache gelang allerdings nur dann, wenn die Membrane und die Kontakte so funktionierten, daß sich die Zahl der Stromunterbrechungen mit der Schwingungszahl des zu übertragenden Tones in großer Übereinstimmung befand.

Den ersten Apparat, schon mit einer Rufeinrichtung versehen, stellte Reis 1860 fertig. Nachdem es ihm nach oft auch erfolglosen Versuchen gelungen war, Töne und Wörter über einhundert Meter zu übertragen, führte er seine Erfindung im Physikalischen Verein in Frankfurt am Main erstmals öffentlich vor. Reis hielt vor der praktischen Demonstration einen Vortrag zum Thema: "Über Fortpflanzung musikalischer Töne auf beliebige Entfernungen durch Vermittlung des galvanischen Stromes." Anschließend ließ der Erfinder aus dem nahegelegenen Bürgerhospital Musik in den Vortragsraum übertragen. Sie soll weit besser gehört worden sein als danach gesprochene Worte. Reis bat die Teilnehmer, völlig sinnlose Sätze zu sprechen, um dem Vorwurf der Manipulation zu entgehen. Der erste Satz soll gelautet haben: "Das Pferd frißt keinen Gurkensalat."

Bald nach dieser ersten Demonstration verfaßte Reis eine Abhandlung zu seinen Bemühungen und schickte sie an den Herausgeber der "Annalen der Physik und Chemie", den Physiker Johann Christian Poggendorff. Dieser hielt die Telefonie für eine Spielerei und einen "Mythos". Wahrscheinlich gewannen hier auch persönliche Abneigungen an Raum, denn Poggendorff hatte bereits 1859 eine Arbeit von Reis zu einem anderen Thema abgelehnt. Reis ließ im Laufe der Jahre von einem Frankfurter Mechaniker verschiedene Telefonapparate bauen, insgesamt zehn "Geber" und vier Empfänger, die er an die physikalischen Kabinette und Laboratorien verkaufte. Mit einer verbesserten Konstruktion trat Johann Philipp Reis zum "Fürstentag" am 6. September 1863 in Frankfurt am Main vor dem österreichischen Kaiser Franz Joseph I. (1830-1916) und dem bayerischen König Maximilian II. (1811-1864) auf. Auch anläßlich der Versammlung Deutscher Naturforscher und Ärzte in Stettin im Herbst 1863 konnte man sich über das Reissche Telefon informieren. Große Hoffnungen setzte der Konstrukteur auf seine Vorführungen während der Versammlung Deutscher Naturforscher und Ärzte 1864 in Gießen

Die Vorträge und die Demonstrationen verschafften ihm zwar Anerkennung, aber nicht die erwartete. Die Telefonie galt nach wie vor als interessante Spielerei, gelegentlich mißverstand man die Untersuchungen auch als wissenschaftliche Bemühungen, um die Wirkungsweise des Gehörs aufzuklären. Poggendorff war durchaus beeindruckt, wies aber dennoch in seinem Bericht auf die zahlreichen ungeklärten Fragen hin. Reis hob immer wieder die Bedeutung seiner Erfindung hervor, weil er glaubte, daß die Zeitgenossen sie nicht erkannten oder verkannten. Nach dem Ausbruch eines Lungenleidens war seine Arbeitsfähigkeit sehr eingeschränkt; er starb 1874, im Alter von nur vierzig Jahren.

Die Gründe für das Scheitern des ersten Versuchs, Sprache und Musik auf elektrische Weise zu übermitteln, sind vielfältig. Einen Teil der Probleme verursachte die von Reis angewandte Technik. Mit dem Apparat ließen sich musikalische Töne ziemlich gut, artikulierte Laute aber nur bruchstückhaft übertragen. Bei den Demonstrationen erwiesen sich vor allem die "Geber" als sehr unzuverlässig. Außerdem gelang es dem Erfinder nicht, eine erfolgversprechende Werbung zu entwickeln. Sowohl der unsinnige Streit mit Poggendorff als auch die fehlende Verbindung zur Industrie belegen, daß er als "Einzelgänger" mögliche Chancen ausließ. Die Versuche zur Telefonie mit ihrer geringen Reichweite fanden zudem bei den potentiellen Nutzern wenig Aufmerksamkeit, weil die Telegraphie inzwischen eine große Zuverlässigkeit besaß und recht hohe Investitionen beansprucht hatte. Noch 1879 heißt es im "Jahrbuch der Erfindungen" zum Reichweitenproblem: "Im ganzen sind die Erwartungen, die man früher an das Telefon setzte, bedeutend gesunken ... Hauptsächlich kommt das Telefon in Anwendung zwischen verschiedenen Räumen eines Etablissements ... Dagegen ist wenig Aussicht vorhanden, daß dasselbe auf weitere Entfernung an die Stelle des Telegraphen treten werde." Die oft in der Literatur als eine der wesentlichen Ursachen angeführte "deutsche

Zerstückelung" existierte für die Wirtschaft zu dieser Zeit nicht mehr. Wenn Johann Philipp Reis seinen Wunschtraum auch nicht verwirklichen konnte, so waren seine Ideen und Apparate doch bekannt. Von denen, die sich am intensivsten mit einer brauchbaren Telefonie beschäftigten, werden heute meist nur noch Alexander Graham Bell (1847-1922) und Elisha Gray (1835-1901) genannt. Die Tragik Grays besteht darin, daß er nur wenige Stunden nach Bell ein Telefonie-Patent anmelden wollte. Im nachfolgenden Streit kam es zum Vergleich, die "Bell Telefone Company" kaufte die Patentanmeldung Grays, nutzte sie allerdings nicht.

Der in die USA eingewanderte schottische Taubstummenlehrer, Physiologe und Techniker Alexander Graham Bell war einer derjenigen, die an die praktische Realisierbarkeit des Telefons glaubten, wenn man dessen Vorzüge werbewirksam verbreitet. Am 14. Februar 1876 erhielt Bell ein amerikanisches Grundpatent auf sein Telefonsystem. Dieses "Telefon", der Name stammt von Wheatstone, wies wichtige Verbesserungen auf. Bell nutzte zuerst das Wandlerprinzip ohne zusätzliche Stromquelle, d. h., er konstruierte die gleiche Vorrichtung zum Hören und zum Sprechen. Einer Spule lagerte Bell im "Geber" eine Membran mit Anker vor. Im Rhythmus der Schallschwingungen entsteht durch Induktion eine pulsierende Spannung. Über einen geschlossenen Stromkreis im Empfänger wird ein sich im gleichen Rhythmus veränderndes Magnetfeld erzeugt, das den Anker in Schwingungen versetzt, der in Verbindung mit der Membran den Ton hörbar macht. Allerdings trat schon bei geringeren Entfernungen aufgrund des Leitungswiderstandes eine Verzerrung der Klangfarbe ein, da die Obertöne weniger geschwächt werden. Vorerst konnte man mit dieser neuen Konstruktion keine größeren Entfernungen überbrücken, denn bei der Übertragung ging die beim Sprechen erzeugte Energie durch die Transformation und die Leitungswiderstände als Nutzenergie schnell verloren. Schon bald griff Bell deshalb auf der "Geber"-Seite auf das schon von Reis und Gray benutzte Relaisprinzip zurück. Der einer Batterie entstammende Strom erfuhr durch das Sprechen eine Widerstandsveränderung und konnte so als Sprechstrom genutzt werden.

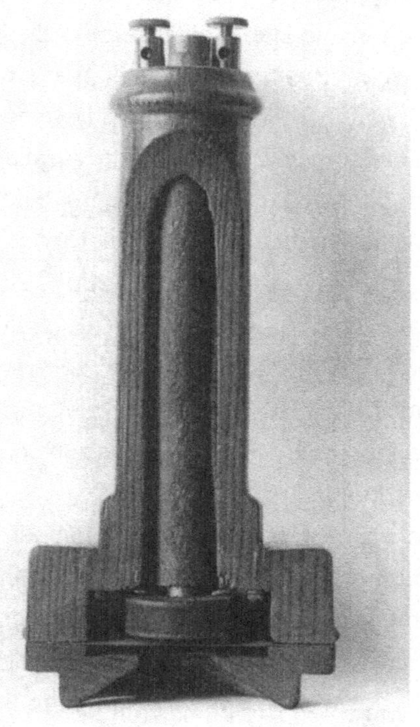

Abb. 12   Stabmagnet-Telefon nach G. Bell (Längsschnitt), 1876

Bei Grays "Geber" war an der Membran eine Elektrode angebracht, die in eine leitende Flüssigkeit eintauchte. Durch den Boden des Gefäßes ragte eine zweite Elektrode in die Flüssigkeit. Die Schwingungen der Membran veränderten den Abstand der Elektroden und damit den Widerstand, so daß ein veränderlicher Strom floß. Erstmals führte Bell ein funktionsfähiges Telefon 1876 anläßlich der Weltausstellung in Philadelphia vor. Am 6. Oktober 1877 veröffentlichte das amerikanische "Journal of practical information, art, science, mechanics, chemistry and manufactures", die angesehene Zeitschrift "Scientific American", einen ersten Bericht. In ihm wird zwar eine technische Beschreibung des noch ohne zusätzliche Stromquelle arbeitenden Telefons von Bell gegeben, im Mittelpunkt steht aber schon die kommerzielle Nutzung. An diesem Bericht wird der Wandel in der öffentlichen Meinung überaus deutlich.

Noch ein Jahr vorher hatte die "Western Union Telegraph Company" Bells Angebot, das Patent für 100 000 $ zu kaufen, mit der Bemerkung abgelehnt: "Was soll eine Gesellschaft mit solch einem Spielzeug anfangen?" Bell ließ sich davon keineswegs entmutigen und gründete am 9. Juli 1877 die "Bell Telefone Company", eine Gesellschaft, die innerhalb weniger Jahre zum größten Unternehmen in ihrer Branche aufstieg.

Widerstand gegen den Siegeszug der Telefonie in den USA leisteten vor allem die um ihre Arbeitsplätze fürchtenden Telegraphisten, Interessenverbände von Unternehmen der Telegraphie und gelegentlich auch Wissenschaftler oder solche, die sich dafür hielten. In einer Besprechungsnotiz von Telegraphen-Ingenieuren der "Western Union" im Jahre 1877 heißt es zum Beispiel:

"Bell erwartet, daß die Öffentlichkeit sein Gerät ohne Hilfe ausgebildeter Operatoren benützt. Jeder Telegraphen-Ingenieur erkennt sofort die Fallstricke dieses Plans. Man kann der Öffentlichkeit einfach nicht technisches Nachrichtengerät anvertrauen ... Wenn ein Anruf durchgeführt werden soll, dann muß der Teilnehmer die Anschlußnummer an die Vermittlungsperson geben. Diese wird mit Personen zu tun haben, welche Analphabeten sind, lispeln, stottern oder ausländische Akzente haben - sie können auch schläfrig oder betrunken sein, wenn sie anrufen wollen. Bells Apparat benutzt nichts weiter als Sprache, welche man nicht konkret fassen kann ... Wir überlassen es ihnen, darüber zu urteilen, ob ein vernünftiger Mensch seine Geschäfte einer solchen Nachrichtenübermittlung anvertrauen würde." Ein französischer Ohrenarzt soll 1889 Menschen mit Gehörschäden vom Telefonieren abgeraten haben, einige Zeitungen diagnostizierten "Ohrenüberlastung", "nervöse Erregungen", "Schwindelgefühle" und "Nervenschmerzen".

Etwas später schürten manche Journale Ängste vor der Verbreitung ansteckender Krankheiten, die durch die Errichtung öffentlicher Telefonzellen begünstigt werde. Sogar das Gerücht, daß durch die Telefonleitungen Krankheitserreger übertragen würden, fand Glauben. Derartige Auslassungen änderten aber nichts an der Tatsache, daß die Telefonie bald als nützliche Ergänzung zur Telegraphie galt. Im Weitstreckenverkehr blieb diese weiterhin alternativlos.

Im Oktober 1877, als man in der Öffentlichkeit Telefone oft noch als Spielzeug und "amerikanischen Schwindel" betrachtete, erhielt der deutsche Generalpostmeister Heinrich v. Stephan zwei Apparate von Bell. Die Versuche im Berliner Haupttelegraphenamt verliefen zufriedenstellend und überzeugten Stephan, der den 26. Oktober 1877 zum "Geburtstag des Fernsprechers in Deutschland" erklärte und sich in der Folgezeit nachdrücklich für die Telefonie einsetzte.

Der Generalpostmeister führte auch die Bezeichnung „Fernsprecher" in Deutschland ein. Die Begeisterung Stephans war so groß, daß er Kaiser Wilhelm I. (1797-1888) und dem Reichskanzler Otto von Bismarck (1815-1898) die Neuheit vorführen ließ. Bald darauf erhielt die Firma Siemens den Auftrag, gleichartige Apparate zu produzieren. Das war möglich, weil in Deutschland der amerikanische Patentschutz nicht galt. Schon im Dezember 1877 verließen einige tausend Telefone das Werk, inzwischen verbessert durch den Einsatz eines Hufeisenmagneten. Die kurzfristige Produktion derart hoher Stückzahlen läßt darauf schließen, daß Siemens auf einen solchen Auftrag gut vorbereitet war. Er begann sofort mit der Verbesserung der neuen Technik und nutzte dafür das von ihm mitinitiierte deutsche Patentgesetz. Am 14. Dezember 1877 erhielt Werner v. Siemens das "Deutsche Reichspatent" 2399 für "Telephone und Rufapparate mit magnetischer Gleichgewichtlage der schwingenden Teile".

Trotz der hochgesteckten Erwartungen blieben vorerst einige technische Probleme ungelöst. Zum einen litt die Verständlichkeit der nach dem Wandlerprinzip arbeitenden Sender und Empfänger Bells vor allem bei größeren Entfernungen empfindlich, und über eine Verstärkermöglichkeit verfügte man vorerst noch nicht. Zum anderen war die Gesprächsvermittlung mit hohem manuellem Aufwand verbunden. Ein erster Erfolg war die Installation des Kontaktmikrophons, mit dem man auf das Relaisprinzip zurückgriff. Schon 1877 verwendete Thomas Alva Edison (1847-1931) eine Kohleplatte zwischen zwei Platinblechen, die in federnder Verbindung zu einer Membran stand.

Emile Berliner (1851-1929) benutzte Kohlekontaktstücke, die durch eine Membran einem unterschiedlichen Kontaktdruck unterlagen.

Robert Lüdtge (1845-1900) band zwei Kohlestücke fest mit einem elastischen Band zusammen und setzte sie den Schwingungen einer Membran aus. Der entscheidende Fortschritt gelang dann David Edward Hughes. Am 9. Mai 1878 stellte er der Royal Society das Kontaktmikrophon vor. Er erreichte mit seiner Konstruktion eine wesentlich bessere Qualität der Übertragung. Die Aufgabe, einen veränderlichen Widerstand in den Stromkreis einzuschalten, löste Hughes mit einem Kohlestab, der sich in einem losen Kontakt zu zwei kleineren Kohleblöcken befand. Damit war ein entscheidender Durchbruch für die praktische Anwendung des Telefons erreicht. Bald darauf verbesserten die Hersteller nochmals dieses Kontaktmikrophon durch den Einsatz von Kohlegrieß.

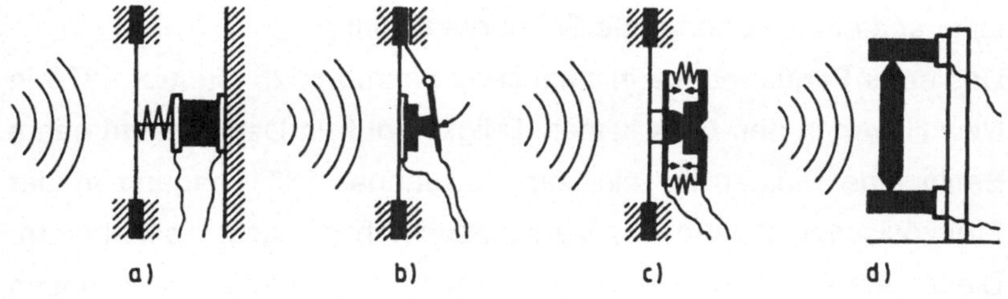

Abb. 13 Funktionsskizze von Mikrofonen:
a) Edison; b) Berliner; c) Lüdtge; d) Hughes

Der durch die Schallwellen sich verändernde Druck führt zum veränderlichen Widerstand. Da dieses Mikrophon von einer Batterie gespeist wird, ist die abgegebene elektrische Leistung erheblich größer als die aufgenommene Schalleistung. Das Kontaktmikrophon wirkt demzufolge als Relais und als Verstärker. Eine gewisse Verzerrung der Töne ist zwar unvermeidbar, aber zur Sprachverständigung reicht es aus. In den achtziger Jahren des vorigen Jahrhunderts setzte sich das Kontaktmikrophon für den Telefoniebetrieb überall durch.

Die Zunahme der Anschlüsse im öffentlichen Netz führte bald zu Vermittlungsämtern riesigen Ausmaßes. Die Unzulänglichkeiten der manuellen Teilnehmerverbindung waren nicht zu übersehen. Die Vermittlung durch eine Steckverbindung vollzog sich zwar auf verschiedene Weise, aber es blieb immer eine manuelle Tätigkeit. Anfangs benutzte man die recht einfache Kreuzschienenvermittlung, später die sogenannte Schnurvermittlung.

Das erste Fernsprechvermittlungsamt nahm am 25. Januar 1878 in New Haven in den USA seinen Tätigkeit auf. In Deutschland nahm Berlin eine Pionierrolle ein. Am 12. Januar 1881 begann in der Französischen Straße der Versuchsbetrieb mit acht Teilnehmern. Dieser erste Versuch muß einigermaßen überzeugend gewesen sein, denn nach der Aufnahme der regulären Vermittlung im April erhöhte sich die Teilnehmerzahl auf 48. Am Ende des Jahres 1881 besaßen in Berlin 458 Teilnehmer einen Anschluß. Wenn auch der Volksmund das erste Berliner Telefonbuch mit einhundert Eintragungen noch als "Buch der 100 Narren" bezeichnete, so beweist die rasche Zunahme der Anschlüsse die wachsende Akzeptanz der Telefonie.

Die Ursachen für die nachfolgende relativ schnelle Ausbreitung in Deutschland liegen vor allem im Aufschwung der deutschen Wirtschaft, insbesondere der Industrie, nach dem Deutsch-Französischen Krieg von 1870/71. Die nationalstaatliche Einigung bot politisch die Voraussetzungen für eine Verbesserung der Infrastruktur. Nicht selten warb der Staat selbst für das neue Medium. Der Telefonbetrieb beschränkte sich vorerst aber noch auf einzelne Ortsnetze, ihr Auf- und Ausbau begann 1881.

Abb. 14 Vermittlungsschränke von Siemens & Halske aus dem ersten
Berliner Fernsprechamt, 1881

Neben Berlin waren es Hamburg, Frankfurt am Main, Breslau, Köln und Mannheim, die Vermittlungssysteme installierten. Im Jahre

1882 folgten weitere sechzehn Städte, darunter Leipzig, Düsseldorf, Mainz, Gebweiler im Elsaß, Ludwigshafen und Stuttgart. In München begann man im Frühjahr 1883, und 1885 besaßen in Deutschland 58 Städte Telefonnetze. Das deutsche Telefonienetz expandierte bis 1887 auf 164. Berlin war damals mit der Zahl der Anschlüsse anderen Großstädten weit voraus. Es verfügte über etwa 8000 Anschlüsse, New York besaß ungefähr 6900, Paris 5300, London 4600 und Wien 1200. Die folgende Übersicht zeigt das rasche Anwachsen des Telefonnetzes in Deutschland:

Jahr	1881	1887	1895	1900	1902
Ausdehnung (in km)	-	45198	-	-	955331
Anschlüsse (in 1000)	0,458	31	93	200	337

Nachdem schon 1889 in den USA die ersten Münzfernsprecher der Öffentlichkeit zugänglich waren, führte man diese 1900 auch in Deutschland ein. Jetzt war das Telefonieren für jedermann möglich, und die Akzeptanz stieg weiter an. In den Ballungsräumen der USA und später auch in den europäischen Großstädten entstand allerdings bald ein neues Problem: Das zunehmendes Gewirr von Freileitungen gefährdete sowohl den Nachrichtenverkehr als auch Passanten. Nach 1900 ersetzte man deshalb in solchen Gebieten Freileitungen immer mehr durch Kabel. Begünstigend auf die gesamte Entwicklung der Telefonie wirkten am Ende des vorigen Jahrhunderts sowohl das Ende des Patentschutzes für Bell im Jahre 1893 als auch eine funktionierende Telefonverbindung von London nach Paris seit 1891. Die anwachsende Zahl von Anschlüssen ließ das Problem einer rationelleren Form der Vermittlung immer deutlicher hervortreten. Letztlich war es ein Außenseiter, der mit der Erfindung des elektromechanischen Wählers den Weg wies.

Der amerikanische Bestattungsunternehmer Almon B. Strowger (1839-1902) aus Kansas City soll, so die Anekdote, sich immer wieder darüber geärgert haben, daß einer seiner Konkurrenten offensichtlich Bedienstete des Vermittlungsamtes bestochen hatte. Strowger sei deshalb bei Todesfällen oft zu spät gekommen und habe seine Dienste vergeblich angeboten. Um diesem Übel abzuhelfen, hätte der Unternehmer nach einer "unbestechlichen" Lösung gesucht und 1889 im Hebdrehwähler die Lösung gefunden. Dieser Wähler wird durch Stromimpulse gesteuert, die Schaltschritte auslösen. Mit jedem Stromimpuls wählt ein Teilnehmer eine neue Verbindung selbst. Werden sowohl horizontale als auch vertikale Schaltschritte realisiert, spricht man vom Hebdrehwähler. Bei umfänglicheren Netzen lassen sich auch mehrere Hebdrehwähler miteinander verbinden.

Am 3. November 1892 nahm in La Porte in den USA das erste mit dem Strowger-System ausgerüstete Fernsprechamt seine Arbeit auf. Der Erfinder wandte sich bald von seinen bisherigen Geschäften ab und stellte die ihm patentierten elektromechanischen Wähleinrichtungen her. Nachdem 1896 die Wählscheibe zur Auslösung der notwendigen Stromimpulse an den Apparaten installiert wurde, ergab sich für den Teilnehmer eine problemlose Benutzung. In Deutschland setzte sich die automatische Vermittlung nicht sofort durch. Im Jahre 1900 richtete man zwar in Berlin ein erstes Amt ein, aber nur für den nichtöffentlichen Verkehr. Acht Jahre später nahm dann die erste öffentliche Wählvermittlungsstelle in Hildesheim ihre Arbeit auf.

Ein an sich gutgemeintes Vorgehen führte kurzzeitig zu Folgen, über die wir heute nur schmunzeln können, doch damals dürfte dem Betroffenen das Lachen vergangen sein. Die Reichspost hatte auf den Wählscheiben den Wählvorgang an einem Beispiel recht präzise beschrieben. Die Beispielnummer war 2451, eine Telefonnummer, die tatsächlich existierte; der Anschluß gehörte einem Fleischermeister. Das mit der Neuerung noch nicht vertraute Publikum übersah nicht selten den Beispielcharakter und rief diese Nummer an. Der Tag und Nacht behelligte Fleischer protestierte lautstark und bekam nach einiger Zeit eine neue Telefonnummer.

Abb. 15   Teilapparate für die selbsttätige Fernsprechvermittlung, Modelle
           in dreifacher Vergrößerung (v.l.n.r.: Nummernscheibe, Vorwäh-
           ler, Hebdrehwähler)

Die Aufschrift auf den Wählscheiben erübrigte sich bald, denn die Nutzer des Telefons benötigten keine Belehrung mehr. Die Landesfernwahl konnte in Deutschland zum ersten Mal 1923 in der Netzgruppe Weilheim realisiert werden.

Nach dem Zweiten Weltkrieg mußte die weitgehend zerstörte Infrastruktur, darunter das Telefonienetz, wieder aufgebaut werden. Ein
großer Fortschritt war die Einführung der nationalen Selbstwähl-
Fernwahl durch die Deutsche Bundespost im Jahre 1952. Drei Jahre später konnte die Selbstwähl-Fernwahl auf Basel ausgedehnt
werden. Trotz der wachsenden Dominanz der automatischen
Wählvermittlung in den folgenden Jahrzehnten blieb in manchen
kleineren Ortsnetzen noch lange die manuelle Vermittlung erhalten.
Die Deutsche Bundespost hat zum Beispiel 1966 die letzte handbediente Ortsvermittlung in Uetze in Niedersachsen feierlich geschlossen.

Seit 1954 löste der Edelmetall-Motor-Drehwähler (EMD) den herkömmlichen Hebdrehwähler ab. Als Antrieb dient ein kleiner Motor,
dessen Rotor, gesteuert durch elektrische Impulse, die Schaltschritte auslöst. Mit dem EMD lassen sich höhere Schrittgeschwindigkeiten und bessere Kontakteigenschaften verwirklichen. In der
Bundesrepublik Deutschland arbeiteten nach einer längeren Einführungszeit 6000 Ortsvermittlungsstellen und die meisten Fernvermittlungsstellen mit EMD. Auch gegenwärtig ist diese Technik
noch weit verbreitet, für manche Ingenieure und Hersteller modernerer elektronischer Vermittlungen bildet sie einen Hemmfaktor bei
der Einführung neuer Technik.

Erst relativ spät konnten die Wissenschaftler und Ingenieure Fortschritte auf dem Gebiet der Verstärkung über das Kontaktmikrophon hinaus erreichen. Der serbische Elektrotechniker Michael Pupin (1858-1935) berechnete im letzten Jahrzehnt des vorigen Jahrhunderts in Zusammenarbeit mit der Firma Siemens die nach ihm benannte "Pupin-Spule". Zur Verminderung der Dämpfung werden in regelmäßigen Abständen, die klein gegen die Wellenlängen der zu übertragenden Frequenzen sind, in längere Leitungen spezielle Spulen geschaltet. Mit der „Pupinisierung" erreichte man, daß das Fernsprechen auf einige hundert Kilometer mit wirtschaftlich tragbaren Drahtdurchmessern verbunden blieb. Zur Jahrhundertwende wurden erstmals bei Überlandleitungen, mit geringerem Erfolg bei Kabeln, "Pupin-Spulen" eingesetzt. Das erste Fernsprechkabel mit derartigen Spulen legte der legendäre Kabeldampfer "Faraday" am 5. Mai 1910 zwischen Dover und Calais.

Der dänische Ingenieur und Telegraphiebeamte Karl Emil Krarup (1872-1909) erkannte wenig später, daß die Effizienz der Seekabel erhöht werden kann, wenn man die Leiter mit Eisendraht oder Eisenband umwickelt. Später verwendeten die Kabelleger auch Nikkel-Eisen-Legierungen. Das erste Krarup-Kabel bestand seit dem 15. November 1902 zwischen Helsingör auf der dänischen Seite und Hälsingborg in Schweden. Das am 4. März 1927 in Betrieb genommene neue deutsche Atlantikkabel von Emden über die Azoren nach New York war ebenfalls ein Krarup-Kabel.

Die trotzdem noch vorhandene Reichweitenbegrenzung entfiel später durch den Einsatz von Elektronenröhren. Schon 1915 existierten Fernsprechverbindungen von der Ost- zur Westküste der USA über 5400 Kilometer. Das Bestreben, die teuren Leitungs- und Kabelwege besser zu nutzen, führte zur Entwicklung der Trägerfrequenztechnik, bei der die zu übertragenden Signale in ein hochfrequentes Band umgesetzt und als modulierte HF-Schwingungen längs der Leitungswege übertragen werden. Hier macht man sich die Tatsache zunutze, daß die Bandbreite des Übertragungsweges viel größer ist als die für eine Nachricht benötigte. Von den bei der

Amplitudenmodulation entstehenden Seitenbändern wird auch nur eines genutzt. Gibt man den Seitenbändern verschiedener Sprachsignale nebeneinanderliegende Frequenzbereiche, so lassen sich innerhalb eines Basisbandes zahlreiche Fernsprechkanäle auf einem Übertragungsweg ausführen.

Erste Versuche fanden bereits 1906 statt. Um 1920 übertrug man mit dem Trägerfrequenzverfahren vier bis zwölf Telefonate gleichzeitig, in den siebziger Jahren waren es 2700 Gespräche.

Ab 1955 gab es die transatlantische Kabeltelefonie. Am 30. Juli 1955 nahm ein Kabel mit eingeschweißten Röhrenverstärkern im Abstand von 65 Kilometern den Betrieb auf. Ein Jahr später kam ein zweites Kabel hinzu. Das gesamte System, gekostet hatte es 42 Millionen $, nannte man TAT 1. Vier Jahre später kam TAT 2 hinzu, 1983 standen schon Kabel bis zu TAT 7 zur Verfügung.

Bereits 1970 konnte mit den USA der automatische Fernsprechverkehr aufgenommen werden. Das Zeitalter der Satellitentelefonie begann 1965 mit Intelsat I, der als Relaisstation zwischen Europa und Amerika diente. Er besaß 240 Fernsprech- und Fernsehkanäle. 1967 folgte Intelsat II, 1971 Intelsat IV/IVa und 1980 Intelsat V. Mit dem weltweiten Ausbau dieser Übertragungstechnik entstanden Funkstellen völlig neuer Dimension. 1981 gingen die Antennen vier und fünf in Raisting am Ammersee in einer der größten Erde-Funkstellen in Betrieb. Sie betreibt mehr als 2000 Fernsprech-, Fernschreib- und Datenkanäle. Zwischen 1961 und heute wuchs die Zahl der Telefonanschlüsse weltweit von 142 Millionen auf über 600 Millionen in über 100 Ländern.

Der jährliche Zuwachs liegt gegenwärtig zwischen vier und sieben Prozent. Zu den Neuerungen der letzten Jahre in Deutschland gehört das am 20. Juni 1983 eingeführte Kartentelefon. Handys gab es zuerst in Großbritannien, seit 1989 wird diese anfangs als "Taschentelefon-Service" bezeichnete Nutzungsform angeboten.

Seit 1982 erlebt das klassische Telefon wohl den tiefgreifendsten Umbruch. Es begann mit den ersten Überlegungen zur Vereinigung der digitalen Vermittlungstechnik mit der digitalen Übertragungstechnik, den beginnenden größeren Versuchen mit digitalen Sprechverbindungen, es setzte sich mit der Verbindung von bisher getrennten Kommunikationsarten, wie Sprache, Bild, Text und Daten, fort und gegenwärtig bietet die "Datenautobahn" faszinierende Aussichten.

Das elektronische Signal

Die kontinuierliche Verstärkung der sehr schwachen Ströme ließ
sich mit der bekannten Relaistechnik nicht erreichen, denn ein Relais kann mit Hilfe schwacher Ströme zwar stärkere Ströme aus-
und einschalten, aber nicht stetig steuern. Alle Versuche, ein me-
chanisches Telefonrelais zu konstruieren, schlugen deshalb fehl.
Die Lösung kam von der Elektronik, die mit der Röhrentechnik ihren
Siegeszug begann. In der Nachrichtentechnik erfüllen die elektronischen Bauelemente im wesentlichen zwei Funktionen: Erstens
sollen schwache Signale so verstärkt werden, daß das Ausgangs-
signal ein möglichst getreues Abbild des Eingangssignales darstellt,
und zweitens ist es die Erzeugung von Schwingungen mehr oder
weniger hoher Frequenzen, die moduliert als Trägersignale für die
drahtgebundene und für die drahtlose Nachrichtentechnik dienen.
Diese beiden Aufgabenstellungen sind nicht nur miteinander ver-
wandt, sondern sie sind auch nur mit Hilfe der Elektronik zu lösen.

In diesem Zweig der Elektrotechnik werden die in elektrischen oder
magnetischen Feldern, durch elektrische Ströme, durch Licht und
andere Strahlen und bei Wärme ablaufenden physikalischen Vorgänge untersucht. Vor allem die Elektrizitätsleitung durch Elektronen oder Ionen im Vakuum, in Gasen, in Leitern und Halbleitern,
aber auch in Flüssigkristallen, seltener in Flüssigkeiten, ist für die
Erzielung technischer Effekte von Interesse. Zu den am weitesten
verbreiteten aktiven elektronischen Bauelementen zählen Halblei-
terdioden, bipolare Transistoren, Feldeffekttransistoren, integrierte
Schaltungen, Mikroprozessoren und für spezielle Zwecke auch
noch Elektronenröhren.

Besondere Bedeutung für die Nachrichtentechnik haben die opto-elektronischen Übertragungssysteme, für die inzwischen zahlreiche spezielle Bauelemente hergestellt werden. Elektronische Bauelemente unterscheiden sich in mehrfacher Hinsicht von anderen technischen Produkten. Die große Schaltgeschwindigkeit bewirkt eine fast trägheitslose Informationsverarbeitung. Ins Gewicht fallen auch der geringe Energiebedarf, die mögliche Miniaturisierung, die lange Lebensdauer und die große Anpaßbarkeit an unterschiedlichste Aufgaben in elektrischen Systemen und Geräten.

Im Jahre 1883 beobachtete der amerikanische Techniker und Erfinder Thomas Alva Edison bei seinen Versuchen mit luftdichten Glühlampen erstmals, daß die erhitzten Drähte Elektronen abgeben. Diese Glühelektronen umgeben den sich nach und nach positiv aufladenden glühenden Körper mit einer Raumladungswolke, die eine weitere Emission zunehmend erschwert. Vorerst waren mit dieser Beobachtung noch keine Konsequenzen verbunden; sie bildet aber die Grundlage für das Verständnis der in Elektronenröhren ablaufenden Vorgänge. Die theoretische Deutung der Glühemission gelang 1901 dem englischen Physiker Owen Williams Richardson (1879-1959). Für seine zahlreichen experimentellen und theoretischen Arbeiten, die 1911 mit der Aufstellung der sogenannten "Richardson-Gleichung" einen vorläufigen Abschluß fanden, erhielt der Gelehrte 1928 den Nobelpreis für Physik.

Der deutsche Physiker Arthur Wehnelt (1871-1944) konnte, aufbauend auf bis dahin gewonnenen Erkenntnissen, im Jahre 1904 eine "Ventilröhre mit Oxidkathode", d. h. eine Diode, entwickeln. Er führte dazu in einen Vakuumkolben eine Kathode und eine Anode ein. Für die Kathode benutzte Wehnelt Oxide von Erdalkalimetallen, die schon bei geringeren Temperaturen Elektronen freisetzen.

Bringt man zwischen Anode und Kathode eine Spannungsquelle ein, so fließt zwischen Kathode und Anode ein Elektronenstrom. In umgekehrter Richtung ist das unmöglich, weil die Anode keine Elektronen emittiert. Liefert die Spannungsquelle Wechselstrom, dann kann immer nur eine Halbwelle die Röhre passieren. Damit ist ein neues Prinzip für die Gleichrichtung von Wechselströmen technisch nutzbar.

Der entscheidende Schritt, hin zur Verstärkung, war die Konstruktion der sogenannten Triode. Durch das Einbringen eines positiv oder negativ elektrisch geladenen Gitters zwischen Kathode und Anode läßt sich der Anodenstrom verstärken oder vermindern. Wird das Gitter dicht vor der Kathode angebracht, in einem Gebiet, in dem die Elektronen noch langsam fliegen, lassen sich bereits mit geringfügigen Änderungen des Gitterstromes relativ große Veränderungen des Anodenstromes erreichen. Das lange gesuchte Verstärkerelement war damit gefunden, denn mit der Elektronenröhre ließen sich die schwachen Signale in stärkere wandeln.

Die größten Verdienste um die Elektronenröhre als Verstärker kommen dem jung verstorbenen österreichischen Physiker und Elektrotechniker Robert von Lieben (1878-1913) und dem amerikanischen Hochfrequenztechniker Lee de Forest (1873-1961) zu. Lieben konstruierte 1906 die von ihm als "Kathodenstrahl-Relais" bezeichnete Elektronenröhre. Zwischen 1907 und 1912 verbessert er mit einigen Mitarbeitern diese Röhre und verwendete sie für die Telefonie. Im Jahre 1912 übernahm ein Konsortium, bestehend aus den Firmen Siemens, AEG, Telefunken und Felten & Guilleaume, die Patente Liebens. Noch im gleichen Jahr begann die Produktion von Verstärkerröhren für die Nachrichtentechnik. Am 20. Oktober 1906 kündigte Lee de Forest eine "Glühkathoden-Vakuumröhre" an, die er am 29. Januar 1907 als "Audion" in den USA patentieren ließ. Ein Jahr später erhielt er auch ein deutsches Patent, obwohl schon seit 1906 die Anmeldung von Robert v. Lieben vorlag. Die Elektronenröhre von de Forest war gegenüber der von Lieben kleiner, und sie besaß ein besseres Vakuum.

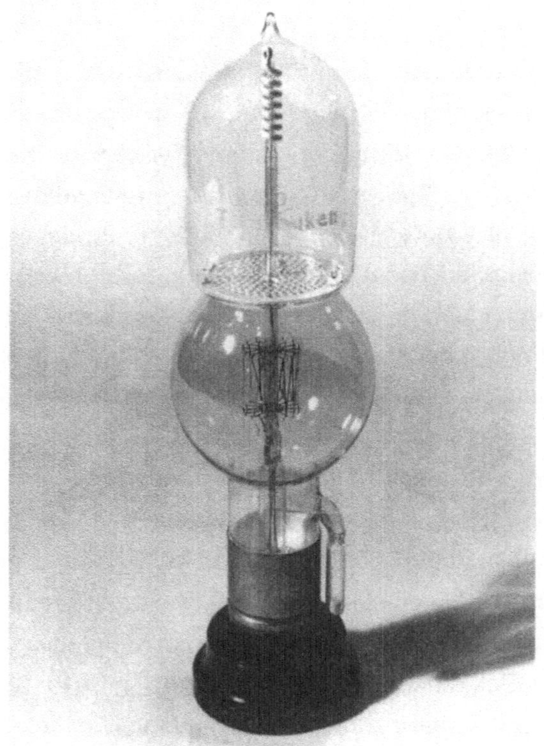

Abb. 16   Elektronenröhre von Lieben - Reisz, 1910

Die Benutzung der Triode zur Verstärkung war zwar ein großer Fortschritt, aber zahlreiche sehr verschiedenartige Probleme konnten erst nach längerer Zeit gelöst werden. Eine Möglichkeit, die unerwünschten Sekundärelektronen zu vermeiden, die beim Auftreffen der Elektronen aus der Kathode auf die Anode entstanden, bot das Einbringen von Fanggittern. Die indirekte Beheizung der Kathode bot die Möglichkeit, sie mit dem aus dem Netz zur Verfügung stehenden Wechselstrom zu beheizen, und das trug zur besseren Ökonomie bei.

Von größter Bedeutung für die Weitverkehrstechnik war eine neuartige Hochvakuum-Verstärkerröhre von Irving Langmuir (1881-1957). Er ersetzte die bisher übliche Füllung der Röhren mit verdünntem Gas durch eine bis dahin nicht erreichte Evakuierung. Der Nobelpreisträger von 1932 erhielt Ende 1913 darauf ein USA-Patent. Um die detailliertere Kenntnis der Funktionsprinzipien, die möglichen Modifizierungen der Röhren und die Entwicklung einer rationellen Technologie erwarb sich vor allem der Dresdner Physiker Heinrich Barkhausen (1881-1956) bleibende Verdienste.

Für die drahtgebundene Fernsprechtechnik erwies sich die Elektronenröhre bald als unersetzlich. Die Übertragungsqualität verbesserte sich, und es konnten nunmehr Entfernungen von über 1000 Kilometern erreicht werden. Die relativ einfache Verschiebung von Frequenzlagen der einzelnen Gespräche bei der Übertragung ermöglichte es, bald mehrere Gespräche auf einer Leitung zu führen.

Schon im 19. Jahrhundert beschrieben einige Physiker die wichtigsten Eigenschaften von Halbleitern. Im Jahre 1833 entdeckte Michael Faraday (1791-1867), daß Silbersulfid bei Erwärmung eine erhöhte Leitfähigkeit aufweist, und 1873 beobachtete man die Widerstandsänderungen durch Lichteinwirkung am Selen. Den bedeutendsten Fortschritt erreichte der deutsche Physiker Karl Ferdinand Braun (1850-1918). Am 23. November 1874 beendete der spätere

Nobelpreisträger seinen wissenschaftlichen Aufsatz "Über die Stromleitung durch Schwefelmetalle" mit der Schlußfolgerung, daß bestimmte Kristalle eine Gleichrichterwirkung besitzen. Eine erste praktische Anwendung, die dem Nachweis elektromagnetischer Wellen diente, war sein Kristalldetektor. Diese Halbleiterdiode setzte sich ab 1901 in der Funktechnik schnell durch. Auch zu diesem Zeitpunkt gelang es allerdings nicht, Detektoren mit gleichen Parametern herzustellen.

Das Aufkommen der Elektronenröhre verdrängte wiederum bald die Detektoren. Erst als die Halbleiterphänomene der Quantentheorie als "Testfeld" dienten, wuchs das Verständnis für diesen Teil der Festkörperphysik. Dazu trugen vor allem die wissenschaftlichen Arbeiten von Walter Schottky (1886-1976) und Igor Jewgenjewitsch Tamm (1895-1971) bei. Die technischen Perspektiven der theoretischen Arbeiten überblickten nur wenige, unter ihnen Walter Schottky. Die von ihm nach längeren Untersuchungen an Metall-Halbleiterkombinationen 1939 vorgetragene "Sperrschichttheorie" bildet eine der Grundlagen der Halbleitertechnik. Drei Jahre später von ihm entwickelte Dioden mit auf Halbleiter aufgedampften Metallkontakten werden noch heute als "Schottky-Dioden" bezeichnet.

Mitte der dreißiger Jahre verstärkten sich die Anstrengungen in den Forschungslaboratorien der großen Elektrounternehmen. Die Fortschritte in der Theorie boten inzwischen die Möglichkeit, aus dem Experimentierstadium in das der industriellen Produktion zu gelangen. Einige heute fast vergessene Halbleiterbauelemente, wie der "Varistor", ein mit der angelegten Spannung sich verändernder Widerstand, kamen 1927 auf den Markt. Bei Untersuchungen an p-n-Übergängen entdeckte Clarence Melvin Zener (geb. 1905) im Jahre

1934 einen Tunneleffekt, der heute seinen Namen trägt. Seitdem wird die "Z-Diode" zur Spannungsstabilisierung benutzt.

Ab 1938 standen Siliziumkristalldioden als Mikrowellendetektoren zur Verfügung. Trotz der zahlreichen technischen Probleme, unter anderem das der Reinheit von Materialien, das der gezielten Dotierung und das der Technologie, war man in den Laboratorien überzeugt, mit der Herstellung elektronischer Bauelemente auf Halbleiterbasis die Elektronenröhre weitgehend ersetzen zu können. Die zunehmenden Aufwendungen der großen Röhrenhersteller resultierten auch aus ihren Geschäftsinteresse, denn die Halbleitertechnik war ein Konkurrent zur gewinnbringenden Röhrenproduktion und konnte sie möglicherweise bald verdrängen.

Schon vor dem 2. Weltkrieg hatten William Bradford Shockley (1910-1989) und Walter Houser Brattain (1902-1987) in den Bell-Laboratorien Überlegungen zu einem Halbleiterverstärker angestellt. Als die Forschungsgruppe unter der Leitung von Shockley ihre Arbeit zum Verstärkerproblem nach dem Ende des Zweiten Weltkrieges wieder aufnahm, hatten sich einige technische Voraussetzungen zum Besseren geändert. Es gab Fortschritte bei der Herstellung von Silizium- und Germanium-Einkristallen in großer Reinheit und den Möglichkeiten ihrer gezielten Dotierung. Auch die Erfahrungen mit dem Kristallgleichrichter und das theoretische Konzept Shockleys begünstigten die Weiterführung der Forschungen. Zu den Mitarbeitern zählte inzwischen der Physiker John Bardeen (1908-1991), der die Oberflächenzustände von Halbleitern im elektrischen Feld untersuchte. Er stellte fest, daß bei bestimmten Versuchsanordnungen ein zusätzliches Feld auftrat.

Ende 1947 entwickelte diese Forschungsgruppe die ersten Labormuster von Spitzentransistoren. Am 25. Juni 1948 lieferten die Erfinder des Spitzen-Transistors der angesehenen Zeitschrift
"Physical Review" einen ersten Bericht. Den Spitzentransistor
führten die Bell-Laboratories und die "Western Electric" in Allen-
town relativ schnell zur Produktionsreife.

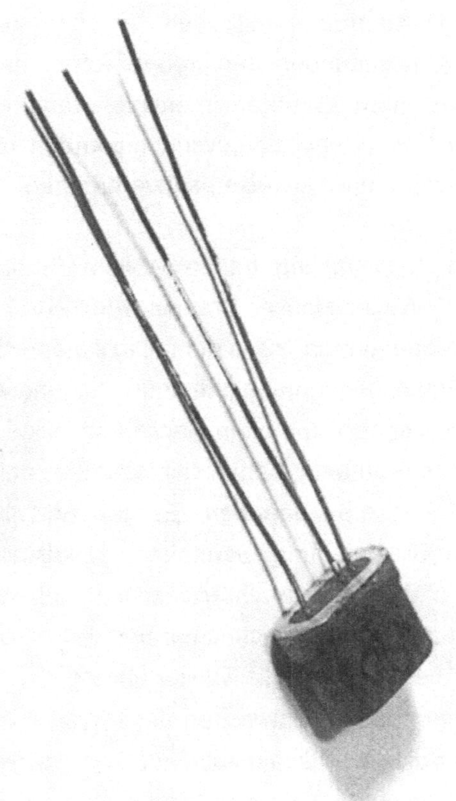

Abb. 17   Silizium - Transistor, 1955

Ab 1951 produzierte man zwölf verschiedene Typen von Spitzentransistoren. Nach der Entwicklung des weitaus überlegenen Flächentransistors ist die Produktion 1956 eingestellt worden. Schon bei den Versuchen von John Bardeen hatte man die Modulation des Widerstandes von p-n-Übergängen versucht. Ein Jahr später gelang es, die n-p-n-Struktur zu beschreiben, und damit war der Flächentransistor in der Grundkonzeption gefunden. Auch hier arbeiteten andere Forschungsgruppen mit, denn die Herstellung brauchbarer p-n-Übergänge warf noch große Probleme auf. Ein erstes funktionsfähiges Labormuster entstand 1949.

Die Vorbereitungen zur Produktionsaufnahme waren Ende 1950 abgeschlossen, und im Sommer 1951 stellte man die ersten Flächentransistoren her. Die Forschungen erbrachten aber nicht nur den Transistor als Produkt, sondern auch das theoretische Verständnis der ablaufenden Vorgänge. Für ihre bahnbrechenden Forschungen erhielten Shockley, Bardeen und Brattain am 10. Dezember 1956 den Nobelpreis.

Die politischen Verhältnisse prägte allerdings der "Kalte Krieg". Obwohl nicht nur militärische Erwägungen die Forschungen begleiteten, so hatten sie doch großen Einfluß. Zwischen 1955 und 1968 verbrauchte in den USA das Militär 32% der gesamten Halbleiterproduktion für seine Zwecke, und für die Sowjetunion dürfte dieser Anteil noch weit höher gelegen haben. Integrierte Schaltkreise waren 1962 zu 100% für den militärischen Bereich vorhanden, 1963 noch zu 94% und 1964 zu 85%. Diese Einschränkungen für den zivilen Bereich behinderten die Nutzung der Elektronik erheblich und verzögerten in den Ländern, die keine eigenen Forschungen betreiben konnten, die Herausbildung einer modernen Wirtschaft. Die schnelle Entwicklung der Halbleitertechnik führte

nicht nur zur Ablösung der Elektronenröhre auf vielen Anwendungsgebieten, sondern die Technologie eröffnete Perspektiven, die dann in der Mikroelektronik verwirklicht werden konnten.
Nachdem man die Siliziumtechnologie meistern konnte, war es Anfang der sechziger Jahre möglich, Halbleiterbauelemente zu funktionellen Einheiten zusammenzufassen. Diese Kombination einer mikroelektronischen Schaltung mit den Bauelementen führte zum sogenannten integrierten Schaltkreis (IC). Die IC, in den meisten Fällen sind es die sogenannten Chips von 8x10 mm Größe, erreichten durch eine immer vollkommenere Technik, zum Beispiel dem Einsatz der Elektronenstrahllithographie, Integrationsdichten von mehr als einer Million Bit. Mit dem IC konnten zahlreiche Probleme rationeller und oft auch erstmals gelöst werden. Am augenfälligsten war die Verringerung der Masse und der Maße. Elektronische Geräte vergleichbarer Leistung schrumpften auf einen Bruchteil ihres früheren Volumens. Der Energiebedarf sank beträchtlich ab. Die Schaltgeschwindigkeit und die Zuverlässigkeit kamen denen des einzelnen Bauelementes nahe, obwohl bis zu 100 000 Bauelementefunktionen in einem Chip vereint sein konnten. Ab 1964 produzierte man integrierte Schaltkreise in Serie.

Ein weiterer entscheidender Schritt zu immer vielfältigeren Anwendungen der Elektronik war die Entwicklung einer aus einem Rechen- und einem Leitwerk bestehenden Zentraleinheit eines Mikrocomputers, des sogenannten Mikroprozessors am Anfang der siebziger Jahre. Damit erstreckten sich die Möglichkeiten der Elektronik auf fast alle Bereiche der Technik und des Alltags, denn die Mikroelektronik löste bald die "klassische" Elektronik, die Mechanik und die Elektromechanik auf vielen Gebieten ab.

Leistungsfähige Mikroprozessoren, hochintegrierte Speicherschaltungen, kundenspezifische Schaltkreise und andere mikroelektronische Bauelemente gestatteten die Verringerung des Aufwands und die Lösung neuer komplexerer Aufgaben.

In welchem Tempo sich die Mikroelektronik entwickelte, soll ein Beispiel zeigen:

Vor 25 Jahren erblickte der erste 4-Bit-Mikroprozessor INTEL 4004 das Licht der Welt. Er besaß 1000 Transistorfunktionen. Schon vier Jahre später kam mit dem INTEL 8088 ein 8-Bit-Mikroprozessor mit 29000 Funktionen auf den Markt. Der INTEL 80286, ein 16-Bit-Mikroprozessor, vereinigt inzwischen 130000 Transistorfunktionen.

Information ohne Kabel und Draht

Schon während des Aus- und Aufbaus der drahtgebundenen Telegraphie und Telefonie im letzten Drittel des 19. Jahrhunderts vermuteten viele Physiker und Techniker, daß auch eine drahtlose Nachrichtenübertragung möglich sein könnte.

Aus den von James Clerk Maxwell (1831-1879) im Jahre 1862 für das magnetische und das elektrische Feld aufgestellten Gleichungen ging unwiderlegbar hervor, daß sich elektromagnetische Felder wellenförmig ausbreiten. Mit der Ausarbeitung der Theorie war aber noch nicht bewiesen, ob die Felder in der Natur tatsächlich existierten oder ob sie nur hilfreiche Modelle darstellten. Die gegenseitige Beeinflussung von Leiterkreisen über größere Entfernungen war zwar bekannt, es bestand jedoch keine Sicherheit, ob zwischen Ursache und Wirkung eine Zeitdifferenz vorhanden besteht.

Der experimentelle Nachweis für die Maxwellschen Überlegungen gelang 1887 dem Physiker Heinrich Hertz (1857-1894). Bei Versuchen zur elektrischen Entladung stellte er fest, daß die von einem "Induktor" abgestrahlten elektromagnetischen Wellen von einem "Resonator", der sich an einer anderen Stelle des Raumes befand, registriert worden waren. Auf der 62. Versammlung Deutscher Naturforscher und Ärzte in Heidelberg 1889 sprach Hertz erstmals über die Ergebnisse und die Schlußfolgerungen aus seinen Forschungen. Der Beitrag "Über die Beziehungen zwischen Licht und Elektrizität" beeindruckte alle Zuhörer.

Die theoretische und experimentelle Begründung der Elektrodynamik durch Maxwell und Hertz war nicht nur wissenschaftlich eine herausragende Tat, sondern viele Naturwissenschaftler bewunderten sie auch wegen ihrer großen Geschlossenheit.

Nicht selten verglich man sie mit dem Gebäude der von Isaac Newton (1643-1727) ausgearbeiteten Theorie der Mechanik, weil es gelang, das gesamte Spektrum in einer Theorie zu erfassen; von den niederfrequenten technischen Strömen, den hochfrequenten elektromagnetischen Wellen, der Temperaturstrahlung, den Atom- und Molekülspektren bis zu den Gamma- und Röntgenstrahlen. Leider erlebte Hertz die technische Anwendung der elektromagnetischen Wellen nicht mehr; er starb 1894 im Alter von nur 37 Jahren. Seine Entdeckungen regten viele Ingenieure zu Versuchen an, und bald führte die Diskussion der Ergebnisse zu der Frage, ob man auf diese Weise Nachrichten übermitteln könnte.

Im Jahre 1891 veröffentlichte der französische Ingenieur Edouard Eugène Désirè Branly (1844-1940) eine Anleitung zum Bau eines "Kohärers", der zum Nachweis elektromagnetischer Wellen dienen könnte. Er hatte beobachtet, daß elektromagnetische Wellen die Leitfähigkeit von Eisenpulver beeinflussen. Unter dem Einfluß der Wellen sank der Widerstand, weil die Eisenteilchen stärker zusammenhielten. Durch einen leichten Stoß konnte die Verbindung wieder aufgehoben werden. Zwei Jahre später bestätigte Sir Oliver Joseph Lodge (1851-1940) bei Experimenten mit Wellendedektoren, daß die drahtlose Telegraphie auf kleinere Entfernungen möglich war. Der italienische Physiker Augusto Righi (1850-1920), einer der Lehrer von Guglielmo Marchese Marconi (1874-1937), erzeugte 1894 mit einem von ihm erdachten "Kugeloszillator" Zentimeterwellen. Dieser Wellenerzeuger bestand aus vier Kugeln in einer Achse. Die äußeren dienten als "Vorfunkenstrecke", die inneren bildeten die "Hauptfunkenstrecke". Der Empfänger bestand aus einem gläsernen Rechteck, auf dessen Rand ein Stanniolstreifen aufgeklebt war.

Abb. 18   Dedektorempfänger, um 1925

Auch die Versuche von Nicola Tesla (1856-1943) mit hochfrequenten Strömen waren erfolgreich, obwohl die Bedeutung dieser Experimente für die drahtlose Telegraphie nur wenige erkannten. Bis 1894 verliefen alle Versuche unter Laborbedingungen, und die Erwägungen zur technischen Nutzung der elektromagnetischen Wellen fanden vorerst noch keine Resonanz in der elektrotechnischen Industrie oder bei den potentiellen Anwendern.

Das von dem Physiker Sir William Crookes (1832-1919) schon 1892 entworfene Bild von der drahtlosen Telegraphie war noch immer Vision:

"Es ergibt sich hier die fesselnde Möglichkeit einer Telegraphie ohne Drähte, ohne Pfähle, ohne Kabel, ohne das ganze kostspielige Beiwerk ... Wir können heute Wellen von jeder gewünschten Länge erzeugen, von wenigen Fuß an aufwärts, und eine Aufeinanderfolge von solchen nach allen Richtungen des Raumes ausstrahlenden Wellen erhalten ... Auch könnte man in der Ferne einige, wenn nicht alle dieser Strahlen mit besonders eingerichteten Apparaten auffangen und durch verabredete Zeichen in Morseschrift einem anderen übermitteln."[CRO 1892]

In den kommenden Jahren bestimmten zwei Männer das Geschehen in der drahtlosen Telegraphie, Alexandr Stepanowitsch Popow und Guglielmo Marchese Marconi; unterschiedlich nach ihrer Herkunft und Ausbildung und, was schwerer wiegt, unter sehr verschiedenen gesellschaftlichen Bedingungen wirkend. Lange Zeit waren die Versuche Marconis weitaus bekannter als die Popows. Das ist einerseits darauf zurückzuführen, daß Popows Versuche im militärischen Bereich stattfanden und der Geheimhaltung unterlagen, andererseits boten die Verhältnisse in Rußland keine günstigen Bedingungen für die wissenschaftliche und technische Arbeit. Rückständigkeit, zunehmende Repression nach innen und Aggressivität nach außen kennzeichneten die zaristische Politik. Es ist ein Verdienst von Popow, das Interesse seines Wirkungskreises dennoch auf neue technische Möglichkeiten gelenkt zu haben. Alexander Stepanowitsch Popow arbeitete als Physiklehrer an der Kronstädter Schule für Minenwesen, einer Einrichtung der Kriegsmarine.

Abb. 19   Erster gekoppelter Versuchssender von G. Marconi
          (Nachbildung), 1899

Schon bei seinen Vorlesungen, die er mit Demonstrationen der
Hertzschen Versuche verband, stellte sich Popow die Frage, welche Nutzungsmöglichkeiten der Marine daraus entspringen könnten. Am 7. Mai 1895 führte er erstmals seinen "Gewittermelder" vor.
Popow hatte in den Kohärerstromkreis ein Relais geschaltet, das
auf die Widerstandsänderung ansprach und eine Klingel in Betrieb
setzte. Der Klingelklöppel diente nicht nur der Signalgebung, sondern er schlug auch gegen den Kohärer, der damit immer wieder
betriebsbereit war. Popow konnte auf diese Weise Folgen von
elektromagnetischen Wellen empfangen, wie sie von Gewittern
ausgehen. Die Seekriegsverwaltung ließ dieses Gerät, nachdem

Popow noch einige Verbesserungen vorgenommen hatte, auf ihren Schiffen installieren. Im März 1896 gelang es Popow, 200 Meter drahtlos zu überbrücken und ein Funktelegramm zu übermitteln. Hier setzte er zum ersten Male eine Antenne ein.

Mit den Demonstrationen verfolgte er vor allem Linie das Ziel, die russischen Militärbehörden vom Wert der drahtlosen Telegraphie zu überzeugen, denn die elektrotechnische Industrie befand sich fast ausschließlich unter ausländischer Kontrolle. Sie wollte aber die bekannten Erzeugnisse und ihr "know-how" verkaufen. Ausschließlich die Armee verfügte über finanzielle und materielle Möglichkeiten zur Durchführung größerer Versuche, aber man war zur Unterstützung nur bereit, wenn eine rasche Zunahme der Kampfkraft erwartet werden konnte. Nach 1896 gestattete man Popow die Benutzung von Kriegsschiffen für seine Versuche. Es gelang ihm, auf Entfernungen bis zu 30 Kilometern zu telegraphieren. Im Jahre 1899 setzte er erstmals die drahtlose Telegraphie für eine militärische Aufgabe ein. Ein im finnischen Meerbusen auf Grund gelaufenes Kriegsschiff mußte geborgen werden. Durch den Aufbau einer Funkverbindung konnten die Arbeiten wesentlich beschleunigt werden. Trotz dieser Fortschritte fand der Lehrer und Ingenieur Alexandr Stepanowitsch Popow aber keine angemessene Würdigung in Rußland.

Im Frühjahr 1896 beschäftigte sich der leitende Techniker der britischen Telegraphenverwaltung, Sir William Henry Preece (1834-1914), mit der Anfrage eines zweiundzwanzigjährigen Mannes aus Italien, ob man auf den britischen Inseln an der drahtlosen Telegraphie interessiert sei. Preece, ein Schüler Faradays, Mitglied der ehrwürdigen "Royal Society" und selbst Experimentator, war ein ausgezeichneter Kenner der Telegraphie und verfolgte die neue-

sten Entwicklungen im In- und Ausland. Er wußte, daß die Kabeltelegraphie störanfällig und dennoch unverzichtbar war, denn sie
verband das riesige Kolonialreich. Sir William Preece kannte auch
die Wünsche der britischen Admiralität und der Reedereien nach
ständigen Informationsverbindungen zu den Schiffen und zwischen
ihnen. Man hatte zwar ein weitverzweigtes Informationssystem zwischen den Häfen schaffen können, aber der Aufwand für den Betrieb und den Schutz dieser Verbindungen war sehr groß. Wenn
England auch den größten Teil des Kabelverkehrs kontrollierte, so
blieb die Suche nach Alternativen doch immer im Blickfeld.

Es war also keineswegs Zufall, daß Preece die Offerte Guglielmo
Marchese Marconis, so hieß der junge Mann, aufmerksam stu-
dierte. Er las dort auch über einige Anfangserfolge, die Marconi in
Italien mit der Unterstützung Righis erzielt hatte. Außerdem hatte
man ihm eine wohlwollende Prüfung nahegelegt. Marconis Mutter
war irisch-schottischer Abstammung und besaß zahlreiche einfluß-
reiche Bekannte in Großbritannien. Die Anfrage gelangte nicht auf
die übliche Weise an Preece, sondern durch die "guten Dienste"
anderer Behörden.

Preece lud Marconi ein und stimmte einer Versuchsserie in England
zu. Schon kurz nach seiner Ankunft führte Marconi die ersten Experimente in London durch. Diese Versuche verliefen überaus erfolgreich. Preece sicherte Marconi nicht nur weitere Unterstützung
zu, sondern sorgte auch für die Patentierung des "Systems". Das
Patent bezog sich jedoch nicht auf einzelne Bauteile der Apparate,
denn von ihnen war keines patentierbar. Andere Wissenschaftler
und Techniker hatten sie erfunden und zum Teil vor Marconi genutzt. Geschützt war die Zusammenstellung der Einzelgeräte. Dieses sogenannte "Systempatent" führte später zu zahllosen Streitig-

keiten, denn es schloß praktisch aus, daß andere drahtlose Telegraphie betreiben konnten.

Im Mai 1897 führte Marconi die Experimente im größeren Maßstab am Bristol-Kanal weiter. Am 14. Mai 1897 gelang es ihm, eine fünf Kilometer lange Verbindung zwischen zwei Ortschaften herzustellen. An dieser Demonstration nahm auch der deutsche Physiker Adolf Slaby (1849-1913) teil. Die inzwischen erzielten Erfolge brachten Marconi den Ruf ein, der " Erfinder" der drahtlosen Telegraphie zu sein. Dazu trug auch Preece bei, der im Juli 1897 einen sehr beachteten Vortrag in London hielt und dort Marconis "System" anpries. Marconi selbst gründete zur kommerziellen Nutzung der drahtlosen Telegraphie "Marconi's Wireless Telegraph Company", die bald eine Monopolstellung erlangen sollte.

In den folgenden Jahren stellte sich heraus, daß die Marconigesellschaft mit dem "Systempatent" eine Art "Weltmonopol" erhalten hatte. Das führte zu zahlreichen Prozessen, denn die "Wireless Telegraph Company" wollte ihre Vorrechte möglichst lange erhalten, während bei den anderen potentiellen Interessenten die Anzahl der Patentverletzungen rapide anwuchs. Zur Sicherung des Monopols praktizierte Marconi ein genau reglementiertes Verleihverfahren für Geräte und Personal. Alle Anlagen blieben Eigentum der Gesellschaft, und das Bedienpersonal durfte nur mit eigenen Stationen in Kontakt treten. Diese Methode sollte sich allerdings wenige Jahre später als Fehlspekulation erweisen. Marconi gelang es darüber hinaus, eine sehr wirksame Pressewerbung zu organisieren. Zeitungsberichte über das erste, von Lord Kelvin aufgegebene Funktelegramm im Jahre 1898, über die erste Funkbrücke zwischen einer Zeitungsredaktion und einem Schiff und ein Funkkontakt zwischen der Jacht des Prinzen von Wales und der Königin ließen sein Ansehen und das seiner Gesellschaft rasch ansteigen. Großes Aufsehen erregten zum Beispiel die Nachricht von der Überbrückung des Ärmelkanals am 27. März 1899 und der Funkkontakt zwischen einer Landstation und einem 70 Kilomter entfernten Schiff zur Übermittlung von Nachrichten. Auf dem Passagierdampfer verbreitete man die übermittelten Informationen in einer Bordzeitung.

Gegen die Übermacht Marconis und Englands in der Entwicklung der drahtlosen Telegraphie wehrten sich zunehmend die Interessenten in anderen Industrieländern. Eine Zusammenarbeit der deutschen kaiserlichen Marine mit Marconi scheiterte zwar an dessen Forderung nach freiem Zutritt zu allen Schiffen und Werften, aber mit seinem Wirken in England war klar, daß die englische Seemacht sich hier eine neue Technik rechtzeitig zunutze machen wollte.

So ist auch die Teilnahme des deutschen Ingenieurs und Elektrotechnikers Adolf Slaby an den Versuchen Marconis am Bristol-Kanal im Mai 1897 nicht nur wissenschaftlichen Interessen geschuldet gewesen. Für die Ausforschung des konkreten Entwicklungsstandes war Slaby sehr geeignet, weil er schon frühzeitig mit elektromagnetischen Wellen experimentiert hatte. Ihm war es aber nicht gelungen, größere Reichweiten zu erzielen. Nachdem er bei Marconi die geerdete Antenne kennengelernt hatte, kam er den angestrebten Zielen näher. Schon kurz nach seiner Rückkehr begann Slaby mit eigenen Versuchen bei Potsdam. Hatte Marconi 1897 eine Entfernung bis zu 15 Kilometern erreicht, so überbrückten Slaby und sein Assistent Georg Graf von Arco (1869-1940) ein Jahr später schon 60 Kilometer. Man mußte allerdings Luftschiffe des Heeres als Antennenträger benutzen. Welche Bedeutung der neuen

Technik beigemessen wurde, zeigt die Teilnahme des deutschen Kaisers Wilhelm II. (1859-1941) an einigen Versuchen am 27. August 1898. Die gewonnenen Erkenntnisse gingen in das "System Slaby-Arco" ein, das den Grundstein für die "Funkentelegraphische Abteilung" der AEG bildete.

Zur gleichen Zeit experimentierte der Straßburger Physiker Karl Ferdinand Braun mit elektromagnetischen Wellen. Im Sommer des Jahres 1898 erhielt er für sein "Telegraphiesystem ohne fortlaufende Leitung" ein Patent. Er führte den geschlossenen Schwingkreis ein und wandte damit das Resonanzprinzip konsequent in der Funktechnik an. Die technische Verwertung übernahm die Firma Siemens & Halske. Sie beauftragte Braun 1899, zwischen Cuxhaven und dem Feuerschiff "Elbe I" eine Verbindung herzustellen.

Nur wenige Jahre nach der Gründung der Marconigesellschaft gab es mit der AEG, Siemens & Halske und Marconi sehr aggresiv konkurrierende große Gesellschaften. Nach längerem Kampf gegeneinander gründeten 1903, unter dem Druck des deutschen Kaisers, der um seine Aufrüstungspläne fürchtete, die AEG und Siemens eine "Gesellschaft für drahtlose Telegraphie m.b.H., System Telefunken". Doch trotz erster Erfolge und hochgespannter Erwartungen vieler Techniker, Politiker und Militärs sah sich die Funktechnik zunächst mit zahlreichen Problemen konfrontiert. Die Gesetze der Wellenausbreitung waren noch unbekannt, und die Gerätetechnik besaß keine theoretische Grundlage. Es fehlte an zuverlässigen Messungen, und manche Phänomene blieben völlig unerklärlich. Die Forschungs- und Entwicklungsarbeiten mußten eine größere Betriebssicherheit und größere Reichweiten unter den verschiedensten Bedingungen zum Ziel haben, deshalb untersuchte man vor allem die "Schwachstellen" der Empfangs- und Sendesysteme.

Der bekannte deutsche Rundfunkpionier Hans Bredow (1879-1959) meinte dazu: "Man kann nur sagen, daß die Kombination von Fritter, Klopfer, hochempfindlichen polarisiertem Relais und Morseschreiber in Verbindung mit den zahlreichen Abstimmvorrichtungen für Empfangskreise und Antenne ein Teufelswerk war!"[BRE 1954] Eine Verbesserung der Sendeleistung erreichten die Techniker im wesentlichen mit der Einführung des geschlossenen Schwingkreises. Durch die Ausnutzung des Resonanzprinzips konnten die Schwingungen in den Antennenkreis "eingekoppelt" werden. Damit verringerte sich die Dämpfung der Wellen, und bei gleichem Energieverbrauch vergrößerte sich die Reichweite erheblich.

Den Nachteil der Doppelwelligkeit und damit den Energieverlust im Braunschen Sender konnte der deutsche Physiker Max Carl Werner Wien (1866-1938) 1905 dadurch beseitigen, daß er einen sogenannten "Löschfunkensender" baute. Er "löschte" den Funken in der Funkenstrecke kurz nach seinem Entstehen mit wassergekühlten Kupferscheiben. Die zugeführte Energie konnte nicht mehr zurückschwingen und blieb in der Antenne. Der Wirkungsgrad erhöhte sich damit um fast 100%.

Ein wesentlicher Fortschritt war auch der Einsatz von Hochfrequenzmaschinen seit 1905. Obwohl die Einhaltung der sehr hohen Drehzahlen und der daraus resultierende Verschleiß große Schwierigkeiten bereiteten, verliefen die Versuche insgesamt erfolgreich. Später vervielfachte man mit anderen Verfahren die Frequenz und konnte deshalb die Drehzahlen wieder senken. Im Empfänger war noch immer der "Kohärer" das größte Problem. Er wurde nach eigenen "Rezepten" gefertigt, funktionierte oft nur kurze Zeit oder gar nicht, und die Versuche, ihn zu verbessern, erbrachten nur sehr bescheidene Ergebnisse.

Eine entscheidende Verbesserung erreichte hier der bei Siemens tätige Physiker Adolf Koepsel (1856-1933) mit dem Drehkondensator. Er entdeckte ihn für die drahtlose Telegraphie neu, nicht wissend, daß schon 1892 ein deutsches Patent darauf erteilt worden war. Eines der größten Verdienste Koepsels ist es, die Firma Siemens auf die Bedeutung der Versuche Brauns hingewiesen zu haben. Von Marconi dagegen stammt ein magnetischer Dedektor, der sich aber nicht durchsetzen konnte. Der entscheidende Durchbruch gelang hier 1906 mit dem Kristalldedektor. Schon 1901 hatte Braun herausgefunden, daß die Berührungsstelle zwischen manchen Mineralien und einer feinen Drahtspitze zum Nachweis von Hochfrequenzströmen geeignet ist. Der Kristalldedektor blieb bis zur Konstruktion der ersten brauchbaren Röhrendioden in Gebrauch.

Für ihre bahnbrechenden Forschungsergebnisse und deren technische Nutzung erhielten im Jahre 1909 Karl Ferdinand Braun und Guglielmo Marconi den Nobelpreis. Leider hat Alexandr Stepanowitsch Popow eine solch große Ehrung nicht mehr erfahren können, er starb bereits 1906.

Bis zur Jahrhundertwende war die drahtlose Telegraphie so weit entwickelt, daß man Distanzen von etwa 100 Kilometern zuverlässig überbrücken konnte. Verbesserungen, wie der Ersatz der Funkenstrecke durch den Schwingkreis, der mit der Antenne gekoppelt wurde, und eine Frequenzabstimmung der Antenne mit Kondensator und Spule, wiesen den Weg zu noch größeren Distanzen.

Im küstennahen Schiffsverkehr war die drahtlose Telegraphie bald verbreitet, aber mit der transozeanischen Kabeltelegraphie konnte man noch nicht konkurrieren. Versuche zur Erhöhung der Reich-

weite auf solche Entfernungen galten als wenig erfolgverspre-
chend, weil man die Erdkrümmung als hinderlich ansah. Für Marconis "Wireless Company" war allerdings die völlige Gewißheit über
mögliche Reichweiten eine existentielle Frage. Wenn sich die
drahtlose Telegraphie nur für den Nahverkehr eignete, dann wäre
die Verkaufsstrategie darauf auszurichten, anderenfalls böten sich
fast unübersehbare Möglichkeiten.

Nach der Installation eines 25 kW-Senders und einer sechzig Meter
hohen Drachenantenne gelang es Marconi und seinen Mitarbeitern,
am 12. Dezember 1901 zwischen Poldhu in der Grafschaft Corn-
wall in England und Glace Bay in Neuschottland über 3400 Kilometer den Buchstaben "s" in Morseschrift zu übermitteln. Obwohl viele
das Ergebnis bezweifelten, wußte Marconi nun, daß der Transat-
lantikverkehr das Geschäft der Zukunft war. Schon bald darauf äu-
ßerten allerdings einige Ingenieure und Techniker Zweifel an der
wissenschaftlichen Redlichkeit Marconis, denn sie warfen ihm die
stillschweigende Nutzung der wissenschaftlichen Ergebnisse Nicola
Teslas vor. Das betraf vor allem die Ausstrahlung längerer Wellen
auf einem schmalen Band. Später stellte Marconi fest, daß bei bestimmten Empfangsbedingungen auch Kurzwellen geeignet waren.

Das gelegentliche Verschwinden der Signale blieb vorerst unerklärt.
Zwar äußerte schon 1901 Oliver Heaviside (1850-1925) die Vermu-
tung, daß hoch über der Erdoberfläche eine Ionosphäre mit verschiedenen Elektronenkonzentrationen existiere, die Radiowellen
reflektiere, aber den Beweis für die reflektierenden Eigenschaften
der Ionosphäre und die theoretische Erklärung erbrachte erst Sir
Edward Victor Appleton (1892-1965) im Jahre 1925.

Nachdem in zahlreichen Versuchen bewiesen worden war, daß die drahtlose Telegraphie kein Wunschtraum von Phantasten war, bemühte man sich in den technisch fortgeschritteneren Ländern um ihre Nutzung. In Deutschland begann zum Beispiel das Heer am 1. März 1905 mit dem Aufbau einer "Funkentelegraphischen Abteilung". Im gleichen Jahr genehmigte die deutsche Reichspost der Firma "Telefunken" die Errichtung eines Großsenders an der Mündung der Ems. Das war ein offener Angriff auf die Vormachtstellung der Marconigesellschaft, denn eine Küstenfunkstelle großer Reichweite mußte dazu führen, daß vor allem deutsche Schiffe unabhängig operieren konnten. Obwohl am Anfang zahlreiche technische Probleme auftraten, erreichte "Norddeich-Radio" 1909 nach dem Einbau eines 10 kW-Löschfunkensenders 2000 Kilometer entfernte Schiffe. Der schnelleren Überwindung noch vorhandener technischer Hindernisse, ebenso auch politischen und militärischen Zielstellungen, diente die Gründung einer Versuchsstation bei Nauen im Jahre 1906, um die sich vor allem Graf Arco Verdienste erwarb. Die "Großfunkstelle Nauen" verfügte über den leistungsstärksten Sender überhaupt und erreichte anfangs Empfänger bis in 3600 Kilometer Entfernung. Mit der Aufstockung des Sendemastes auf 200 Meter Höhe und der Inbetriebnahme eines 35 kW-Löschfunkensenders im Jahre 1909 erzielte man bei günstigen Bedingungen Reichweiten bis zu 5000 Kilometer.

Ab 1911 dominierte der regelmäßige Funkbetrieb. Ein neuer Sender mit einer Leistung von 100 kW und die nochmalige Erhöhung des Sendemastes auf 260 Meter Höhe sollten die dauerhafte Funkverbindung zwischen dem Deutschen Reich und seinen afrikanischen Kolonien sichern. Deshalb ließen die Kolonialbehörden in

Togo und in "Deutsch-Südwest-Afrika" größere Gegenstationen errichten. Zu Beginn des Ersten Weltkrieges zerstörten britische Truppen zwar die Anlage in Togo, und ohne diese war die kleinere in "Deutsch-Südwest-Afrika" nicht zu empfangen, aber der Großsender behielt trotzdem seine Bedeutung. Die Führung der deutschen Kriegsmarine übermittelte mit ihm Anweisungen und Einsatzbefehle an ihre Kriegsschiffe, und nach der Unterbrechung der deutschen Seekabel gewährleistete der Sender die Verbindung zum neutralen Ausland. Schon 1915 waren in Nauen 200 kW Sendeleistung installiert, und wenig später konnte sogar die doppelte Leistung erreicht werden.

Auch in anderen Industrieländern entstanden Großfunkstationen. Durch den Einbau von Sende- und Empfangsanlagen in Schiffe, Luftschiffe und Flugzeuge und die Einrichtung spezieller Dienste, wie die Abstrahlung des Zeitzeichens und der Wetterberichte konnte die drahtlose Telegraphie bald auch neue Leistungen anbieten.

Der mit dem Bau der großen Funkstationen beschrittene Weg stieß allerdings noch vor dem Ersten Weltkrieg an seine Grenzen. Obwohl man die Sendeleistungen ständig gesteigert hatte und die Antennenanlagen immer größer geworden waren, konnten die Signale in den Empfängern oft nur extrem schwach empfangen werden. Erst die Elektronenröhre löste dann nicht nur das Problem der Verstärkung sehr schwacher Signale in den Empfängern, sondern auch das der Erzeugung hochfrequenter elektromagnetischer Wellen. Die technische Lösung der Wellenerzeugung lieferte der österreichische Physiker Alexander Meißner (1883-1958). Er war seit 1907 bei der Firma "Telefunken" tätig und hatte sich am Aufbau des Nauener Senders beteiligt. Am 10. April 1913 erteilte man ihm das Deutsche Reichspatent Nr. 291604 auf seine "Rückkopplungs-schaltung".

Abb. 20 Erster Röhrensender, mit dem A. Meißner 1913 von Nauen nach Berlin Gespräche übertrug

Dieser Röhrensender erzeugte ungedämpfte Wellen und war für kleinere Sendeanlagen und die Telefonie besonders geeignet.

Wenig später wandte man das "Rückkopplungsaudion" auch in den Empfängern an und erhöhte damit beträchtlich deren Leistungsfähigkeit.

Einen anderen Weg zur Erzeugung ungedämpfter Schwingungen, der sich allerdings letztlich nicht durchsetzte, beschritt der dänische Physiker und Hochfrequenztechniker Valdemar Poulsen (1869-1942). Er baute 1903 einen "Lichtbogensender". Poulsen schaltete in den Lichtbogenstromkreis einer Bogenlampe einen Schwingkreis. Die ungedämpften Schwingungen konnten bei bestimmten Einstellungen im Kopfhörer als Ton empfangen werden. Im Jahre 1906 benutzte Poulsen sein Prinzip auch für die Übertragung des gesprochenen Wortes. Er soll eine Entfernung von 200 Kilometer überbrückt haben.

Der kanadische Funkpionier Reginald Aubrey Fessenden (1866-1932) entwickelte eine Methode zur Herstellung von hochfrequenten ungedämpften kurzen Wellen. Sein 1898 konstruierter "Alternator", ein Hochfrequenzgenerator, erzeugte sinusförmige Wellen mit einer Frequenz von 15 kHz. Ernst Frederik Alexanderson (1878-1975) und Fessenden bauten 1904 einen Generator mit 75 kHz, und zwei Jahre später gelang es ihnen, Wellen mit einer Frequenz von 100 kHz herzustellen. Fessenden schaltete ein Mikrofon in den Antennenschwingkreis und begründete damit die Ausnutzung der Amplitudenmodulation für den Sprechfunk. Zur Weihnachtszeit des Jahres 1906 strahlte ein Sender nach dem System von Fessenden und Alexanderson erstmals ein Programm aus. Die Weihnachtslieder sollen noch in 320 Kilometer Entfernung gehört worden sein.

Andere Versuche mit der drahtlosen Telefonie blieben weitgehend im Versuchsstadium und fanden auch keine Förderung. Die militärischen Einrichtungen zeigten nur ein geringes Interesse, weil man die Informationen nicht verschlüsseln konnte, und zivile Dienststellen wollten immer etwas "Geschriebenes" haben, wie Hans Bredow, der spätere Leiter des Funkwesens im Reichspostministerium, einmal bemerkte. Außerdem war die Erzeugung ungedämpfter elektromagnetischer Wellen, denen man die Sprachschwingungen aufmodulieren konnte, noch sehr problematisch.

Zu den publikumswirksamsten Erfolgen der "Funkentelegraphie" gehörte die spektakuläre Ergreifung des englischen Arztes Hawley Harvey Crippen im Jahre 1910. Dieser hatte seine Ehefrau ermordet und war auf einen Atlantikdampfer geflüchtet. Dort erkannte man ihn, weil ein telegraphischer Steckbrief vorlag. In den Vereinigten Staaten konnte der Mörder sofort gefaßt werden. Die Hinrichtung des zum Tode verurteilten Crippen fand am 23. November 1910 in London statt.

Ohne die "Funkentelegraphie" hätte auch die "Titanic"-Katastrophe noch mehr Opfer gefordert. Der über Funk gerufene Dampfer "Carpatia" rettete 711 Schiffbrüchige. Nach diesem Unglück legte eine internationale Konvention fest, daß eine Seenotfrequenz und die Zeichenfolge SOS, später gedeutet als „save our souls" (Rettet unsere Seelen), für Unglücksfälle auf See eingerichtet werden mußten. Auf Schiffen mit mehr als 1600 BRT mußte eine Funkanlage eingebaut werden.

In den meisten Fällen dienten die neuen technischen Möglichkeiten mit dem Ausbruch des Ersten Weltkrieges den jeweiligen Kriegszielen. Die Naturwissenschaftler und Techniker konnten sich zumeist von der Dominanz eines nationalstaatlich-militärischen Konkurrenzdenkens nicht freimachen. Obwohl zum Beispiel der Lichtbogen nur mit großem Aufwand stabil gehalten werden konnte, glaubten in Deutschland die Verantwortlichen der Kriegsmarine, daß der "Lichtbogensender" für den Kriegsfall geeigneter sei, weil der Empfang seiner Signale mit "normalen" Geräten nicht möglich war. Die insgeheim auf den Kriegsschiffen eingebauten Stationen nahmen deshalb ihren Betrieb erst nach Kriegsausbruch auf, bewährten sich aber nicht. Wie sehr die allgemeine Denkhaltung vom "Sicherheitsdenken" geprägt war, beweisen auch zeitgenössische Lehrbücher. So schreibt zum Beispiel G. Schollmeyer 1904: "Man wird also mit allen bisherigen Systemen nicht störungsfrei arbeiten, man wird die Telegramme nicht mit Sicherheit geheimhalten, und man wird ihre Herkunftsrichtung nicht bestimmen können. Das sind zunächst noch böse Mängel, die der Funkentelegraphie anhaften."[SCH 1904]

Zu den frühen Versuchen mit einem "Rundfunk", das Wort stammt von Hans Bredow, gehören die Versuche Lee de Forests dem "Vater des amerikanischen Rundfunks". Er ließ 1909 und 1910 als Leiter der "Radio Telephone Company" in New York den Gesang Enrico Carusos (1873-1921) aus der Metropolitan Opera übertragen. Im Jahre 1917 führten Meißner und Bredow an der Westfront Röhrensenderversuche durch, die erfolgreich verliefen.

Einen großen Anteil an der Durchsetzung des Rundfunks hatten auch die Amateurfunker. In mehreren internationalen Konferenzen waren diese auf immer kürzere Wellenlängen verwiesen worden, weil man die Störung der öffentlichen Funkdienste befürchtete. Der Kurzwellenbereich galt als "Wellenabfall", der nicht nur schwer zu erzeugen war, sondern auch als ungeeignet für Fernverbindungen galt. Die ersten Berichte von Funkamateuren über das Zustandekommen sehr weitreichender Verbindungen glaubte man anfangs nicht. Die 1928 eingerichtete Kurzwellenverbindung zwischen den USA und Deutschland überzeugte später alle Zweifler. Innerhalb weniger Jahre sammelten sich bei den Amateurfunkern viele empirisch ermittelte Daten und Beobachtungen an. Sie stellten fest, daß sich die Empfangsbedingungen im Tagesverlauf und bei bestimmten Witterungsverhältnissen stark änderten. In Deutschland galten Amateurfunker allerdings lange als politisch verdächtig, weil sie sich der militärischen Kontrolle weitgehend entziehen konnten. In England und in den USA dagegen erfreuten sie sich großen Wohlwollens, weil hier die Überlegung dominierte, daß aus diesen Interessenten die Spezialisten der Zukunft werden könnten, deren Fähigkeiten im militärischen Bereich ausnutzbar seien.

Die Einführung des Rundfunks darf nicht in erster Linie vom Stand der Technik aus beurteilt werden, sondern muß auch Überlegungen der Politiker zum Gebrauch des neuen Massenkommunikationsmittels einbeziehen. Relativ schnell setzte er sich in den USA, in Großbritannien und in Sowjetrußland durch. In den beiden zuerst genannten Ländern entstanden nach dem Ersten Weltkrieg bei den Herstellern von Funktechnik ernsthafte Absatzprobleme, denn während des Krieges war der Bedarf der Militärs an Funkgerät rasch angestiegen, und man hatte die Produktionskapazitäten ausdehnen müssen. Jetzt drohte eine Überproduktion. Deshalb bildeten sich in den USA unter der Leitung von Vertretern der Funkindustrie bald Gesellschaften, die kleinere Sender gründeten. Diese installierten zuerst in den Großstädten ihre Anlagen, weil man dort die meisten Zuhörer erreichen konnte.

Die ab 1920 schnell anwachsende Zahl von Privatsendern gewann nicht nur Einfluß auf die Meinungsbildung im politischen Bereich, sondern durch Werbung konnte das Produktimage sehr beeinflußt werden. Der amerikanische Rundfunk versteht sich deshalb bis heute als gewinnorientiertes Unternehmen, das sich vor allem durch Werbung selbst finanzieren muß. In Großbritannien verlief die Entwicklung bis zur Gründung der BBC im Jahre 1922 ähnlich. Erst sie organisierte den Rundfunk als Körperschaft des öffentlichen Rechts.

Weder in den USA noch in England gab es Vorbehalte gegen den Rundfunk aus der Sorge heraus, daß er staatsfeindlichen Bestrebungen Vorschub leisten könnte. In der Sowjetunion dagegen betrieb die Regierung den Aufbau eines "Staatsrundfunks". Die Wirkungsmöglichkeiten schätzte man frühzeitig richtig ein. Sicher trugen dazu sowohl die Größe des Landes als auch die angestrebten politischen Ziele und die notwendige Unterrichtung der Bevölkerung über militärische Erfolge bei. Ein schneller Aufbau gelang auch deshalb, weil man mit Michail Aleksandrowitsch Bontsch-Brujewitsch (1888-1940), der das funktechnische Forschungsinstitut leitete, eine Kapazität von Rang besaß. Er baute die ersten Rundfunksender in der Sowjetunion auf. Für diese Anlagen entwickelte der Ingenieur wassergekühlte Senderöhren, deren Leistung bis auf 100 kW gesteigert werden konnte. Der erste Sender nahm 1920 seinen Betrieb auf, und ab Juni 1921 gab es ein Programm. Zum fünften Jahrestag der Oktoberrevolution begann der Sender "Komintern", einer der stärksten der Welt, mit der regelmäßigen Sendung von Programmen.

In Deutschland ging die Einführung des Rundfunks nur langsam voran, obwohl die technischen Voraussetzungen nicht wesentlich schlechter waren als in den anderen europäischen Ländern, die zu Beginn der zwanziger Jahre mit Versuchssendungen begonnen hatten. Zuerst beschränkte man sich auf die Übermittlung von Börsenkursen, Wetternachrichten, Presse- und Wirtschaftsmeldungen, aber selbst das wurde von den deutschen Behörden nur einem kleinen Personenkreis gestattet. Nachdem Hans Bredow 1919 in das Reichspostministerium berufen worden war, begann er sofort, für den Rundfunk zu werben. Dennoch blieb der Erfolg dieser Bemühungen vorerst gering, denn die deutsche funktechnische Industrie konnte sich nicht durchsetzen, obwohl sie wie die ausländische an Absatzproblemen litt.

Einige Jahrzehnte später benennt Hans Bredow die Ursachen für die ablehnende Haltung in Deutschland: "Man muß sich dabei in die damalige Zeit hineinversetzen und berücksichtigen, daß Deutschland sich noch bis Ende 1923 in einem Zustand des Zerfalls befand und Revolten und Loslösungsbestrebungen den Bestand des Reiches bedrohten. In dieser Zeit wurde die freie Betätigung auf dem Funkgebiet, wie sie in den USA möglich war, in Deutschland als eine politische Gefahr betrachtet. Das Vorgehen des Vollzugsrates der Soldatenräte, die bei Kriegsende Funksender und Massen von Empfängern besaßen, und der Versuch, unter Führung der zum Rätestaat treibenden radikalen Kreise, ein von der Regierung unabhängiges Funknetz zu betreiben, waren noch in frischer Erinnerung". [BRE 1956] Tatsächlich hatte im November 1918 ein Arbeiter- und Soldatenrat kurzzeitig den Sender Nauen besetzt und einen Aufruf "An Alle!" gesendet, in dem mitgeteilt worden war, daß alle deutschen Funkanlagen ab sofort den Arbeiter- und Soldatenräten unterstellt seien. Es blieb bei dieser einmaligen Aktion, die Graf Arco, den man mehrere Stunden eingesperrt hatte, gern als Anekdote zum Besten gab.

Trotz der Ängste bei den Regierenden gab es einige Pilotprojekte. Der Sender Königs Wusterhausen übermittelte ab 1919 Pressemeldungen an Zeitungsredaktionen, und im Frühjahr 1920 nahm ein "Rundfunk" für Wirtschaftsnachrichten seinen Betrieb auf. Gegen verhältnismäßig hohe Gebühren teilte er Börsenkurse, Weltmarktpreise, Aktienwerte usw. mit. Die Daten stellten die Ministerien zur Verfügung.

Nach und nach konnte der Druck auf die zögernde Regierung durch den Hinweis auf die gelungenen Versuche und durch Berichte über die Entwicklung im Ausland verstärkt werden. Diese Entwicklung führte 1922 zu ernsthaften Bemühungen der Ministerialbürokratie, für den Rundfunkbetrieb Grundsätze zu erarbeiten.

Hans Bredow teilte am 15. Oktober 1923 mit, daß die Regierung eine Sendelizenz erteilt habe. Am 29. Oktober begann dann in Deutschland die Ausstrahlung von Rundfunksendungen auf Welle 400 aus dem Vox-Haus in der Potsdamer Straße in Berlin. In den Folgejahren stieg die Zahl der Sender rasch an, schon 1925 gab es 15 Rundfunksender. Der Berliner Funkturm konnte 1926 eingeweiht werden, und 1929 folgte der Kurzwellen-Weltrundfunksender in Königs Wusterhausen mit dem 280 Meter hohen Sendemast.

Die Empfangsgeräte waren anfangs fast unerschwinglich, Nachkriegsentwicklung und Inflation hatten viele Menschen ruiniert. Trotzdem gab es Enthusiasten, die sich selbst Geräte bauten. Der Bau von Röhrenempfängern war allerdings nur dann gestattet, wenn man eine "Audionversuchserlaubnis" erwarb. Diese Prüfung mußte man gegen eine relativ hohe Gebühr vor einer Kommission ablegen, die vom "Funktechnischen Verein" eingesetzt worden war. Damit wollte man sich den Einfluß auf diejenigen, die mit leistungsstarken Empfängern auch die Auslandssender empfingen, sichern. So teilt zum Beispiel Bredow mit, daß man wegen des ungenehmigten Empfangs von Rundfunksendungen mit einem selbstgebauten Empfangsgerät Manfred von Ardenne (∗1907) verurteilte, der damals noch Schüler war.

Abb. 21 Volksempfänger VE 301 W, Einkreis-Dreiröhren-Empfänger, 1933

Mit der Aufnahme der öffentlichen Rundfunksendungen hatte die deutsche Funkindustrie ihren Markt zwar erweitern können, man mußte aber davon ausgehen, daß die meisten Interessenten nicht in der Lage waren, teure Mehrröhrenempfänger zu kaufen. Die Industrie offerierte deshalb eine Art Bausteinsystem, mit dem man vom Dedektorempfang der nächstgelegenen Station bis zum Europaempfang gelangen konnte. Da der Rundfunk nur im Mittel- und Langwellenbereich sendete, waren größere Reichweiten meist nicht zu erzielen. In industriellen Ballungsräumen, wie Berlin, stieg deshalb die Zahl der Rundfunkhörer am schnellsten, bis 1927 immerhin auf 500 000 Teilnehmer. Ab 1928 bot die deutsche Industrie Netzempfänger mit elektrodynamischen Lautsprechern an, die sich relativ schnell durchsetzten. Den Ausbau der Sender trieb man ebenfalls voran. Die deutschen Hauptsender strahlten 1930 mit 60 kW, der 1932 fertiggestellte Sender Leipzig sogar mit 120 kW.

Mit dem Ausbau des drahtlosen Verkehrs entstand seit 1922 auch der sogenannte Bildfunk. Anfangs arbeitete auf diesem Gebiet vor allem Arthur Korn, später engagierte sich der deutsche Physiker August Karolus (1893-1972). Er unternahm 1925 mit Erfolg Bildfunkversuche zwischen Berlin und Leipzig, und zwei Jahre später, am 1. Dezember 1927, konnte die ständige Bildfunkverbindung zwischen Berlin und Wien nach dem System "Siemens-Karolus-Telefunken" in Betrieb genommen werden. Zu Beginn der dreißiger Jahre setzte sich dieses System auf den internationalen und interkontinentalen Bildfunklinien durch.

Seit den zwanziger Jahren konnte auch der drahtlose Fernsprechverkehr weiter ausgebaut werden. Die Entwicklung der Trägerfrequenztechnik, bei der die zu übertragenden Signale in ein hochfrequentes Band umgesetzt und als modulierte HF-Schwingungen übertragen werden, ermöglichte es, mehrere Gespräche gleichzeitig auf einer Leitung zu führen. 1919 gelang das zwischen Berlin und Hamburg mit drei Gesprächen. Am 7. Januar 1926 führte die Deutsche Reichsbahn zwischen Hamburg und Berlin den ersten mobilen Funk-Telefondienst ein. Nachdem in den dreißiger Jahren immer mehr technische Vorleistungen für die Nutzung des Höchstfrequenzbereiches geschaffen werden konnten, entstanden ab 1940 Richtfunkstrecken, die anfangs im Meterwellenbereich lagen, später den Zentimeter- und Millimeterbereich umfaßten. Über solche Strecken lassen sich bis zu 10 000 Ferngespräche gleichzeitig übertragen.

Der Beginn der nationalsozialistischen Diktatur führte sofort zur Einverleibung des "Reichsrundfunks" in das System der Propaganda. Der verdienstvolle Techniker und Medienpolitiker Hans Bredow mußte zurücktreten, und die neuen Machthaber inhaftierten ihn für längere Zeit. Die nationalsozialistische Führung ließ die schon vorhandenen Sender ausbauen und errichtete neue, um den Empfang des gleichgeschalteten "Reichsrundfunks" überall zu ermöglichen. Andererseits bot man mit dem "Volksempfänger" einen einfachen und durch die Massenproduktion verhältnismäßig billigen Radioapparat an. Propagandistisch versuchten die neuen Machthaber, mit diesen Maßnahmen einerseits "Weltoffenheit" und andererseits wissenschaftlich-technische Modernität vorzuspiegeln. Tatsächlich ermöglichte der "Volksempfänger" nur den Empfang des nächstgelegenen "Reichssenders", auf den Empfang ausländischer Stationen legte die Führung keinen Wert. Im Zweiten Weltkrieg war das Abhören feindlicher Sender sogar lebensgefährlich, weil das als "Wehrkraftzersetzung" galt. Der "Volksempfänger" war ein einfacher Geradeausempfänger, obwohl der sogenannte Überlagerungsempfänger, der Superhet, schon zu Beginn der dreißiger Jahre seine technische Reife erlangt hatte. Auch dem Kurzwellenempfang stand man für das Inland ablehnend gegenüber. In den "Volksempfänger" baute man keine Kurzwellenabstimmung ein, und selbst Spitzenempfänger lieferte man in den Kriegsjahren ohne sie. Die deutschen Kurzwellensender betrieben dagegen schon ab März 1933 Auslandspropaganda. Trotz der Absichten der Nationalsozialisten unternahmen nicht nur die technisch Interessierten alles, um die Leistung ihrer Geräte zu steigern. Vor allem in den Kriegsjahren versuchten nicht wenige politisch interessierte Menschen, die Sendungen der BBC London und von Radio Moskau zu empfangen.

Schon 1930 hatte Bredow darauf hingewiesen, daß in Europa die Mittelwelle überlastet sei. Der technische Aufwand zur Erhöhung der Trennschärfe in den Radios nahm ständig zu, dennoch blieben die lästigen Überlagerungen. Er schlug vor, die Ultrakurzwelle für einen störungsfreieren Empfang auf kürzeren Reichweiten für Rundfunkübertragungen zu nutzen. Die Industrie zeigte vorerst kaum Interesse, obwohl einige Versuchsanlagen arbeiteten. Im Jahre 1933 ließ die nationalsozialistische Armeeführung alle Sendeversuche einstellen, weil man die militärischen Nutzungsmöglichkeiten erkunden wollte. Es zeichnete sich ab, daß UKW-Sprechfunkgeräte, der Aufbau von Richtfunkstrecken und die Funkmeßtechnik den "Blitzkriegsplänen" dienen könnten. Dadurch und durch den Krieg verzögerte sich die Einführung von UKW in Europa bis 1949.
Am 28. Februar dieses Jahres nahm der Sender München-Freimann als erster in Europa den Sendebetrieb auf UKW auf. Mit der Einführung der Ultrakurzwelle konnten auch die mehrkanaligen Rundfunkübertragungen realisiert werden. Nachdem sich das Problem des Empfangs stereofoner Darbietungen in den monofonen Empfängern mit Hilfe des Pilotton-Verfahrens 1960 lösen ließ,

strahlten viele UKW-Sender Programme in Stereo-Qualität ab. Um den Raumeindruck noch weiter zu verbessern, wird inzwischen die Quadrophonie eingesetzt. In den letzten Jahren hat man darüberhinaus große Anstrengungen unternommen, die Qualität der Lautsprecher zu verbessern.

Abb. 22   Superhet "Freiburg-Automatic 100" von Saba (13 Röhren, 2 Dioden, 25 Kreise, 4 Wellenbereiche, 5 Lautsprecher in Stereoanordnung), 1959

Das konservierte Ereignis

Schon lange bevor die Aufzeichnung und damit die Erhaltung des gehörten Wortes und des gesehenen Bildes technisch verwirklicht werden konnten, bewahrten die Malerei das Gesehene und die Musik harmonische Töne auf. Beides aber waren vorwiegend ästhetische Ausdrucksmittel, die nicht nur Aufbewahrung sein wollten und konnten. Auch die Anfänge der Fotografie seien erwähnt, die bis in die Mitte des vorigen Jahrhunderts zurückreichen. Für das gesprochene Wort aber gab es nichts Vergleichbares. Den ersten Versuch, Worte aufzubewahren, unternahm Thomas Alva Edison. Im Sommer des Jahres 1878 ließ er sich eine "Sprechmaschine", den sogenannten "Phonographen", in den USA patentieren. Der eigentliche Tonträger ist eine dünne Zinkfolie, wenig später eine solche aus Wachskarton, und ab 1888 eine aus Stearin auf einer drehbar gelagerten Zylinderwalze. Ein Metallstift hält auf ihr die durch das Sprechen erzeugten Schwingungen fest. Die Wiedergabe der Worte ist denkbar einfach. Die sich drehende Zylinderwalze versetzte den Metallstift in Schwingungen, die sich auf eine Membran und ein Hörrohr übertrugen. Mit etwas Glück und Geschick funktionierte diese Konstruktion tatsächlich.
Neun Jahre später ersetzte Emile Berliner die Zylinderwalze des "Phonographen" durch eine rotierende Zinkplatte mit Wachsüberzug. Die Tonaufzeichnung geschah hier in schlangenförmigen Windungen mit seitlichen Ausschlägen, und zwar in einer nach dem Erfinder benannten Seitenschrift. Die mit Wachs beschichtete Zinkplatte legte Berliner in ein Säurebad, um die Rillen einzuätzen und dauerhaft festzuhalten. Diese Platte erwies sich als robuster und einfacher handhabbar als die Walze und verbreitete sich rasch.

Das Gerät zum Abspielen kam unter dem Namen "Grammophon" in den Handel. Die Unterhaltungsindustrie bemächtigte sich schnell des neuen Mediums und produzierte für die Grammophone "Schallplatten" aus Füllstoffen und Schellack, dem harten, zähen Harz eines Läusesekretes. Seit 1950 werden Schallplatten ausschließlich aus Kunststoff hergestellt. Sowohl Edisons als auch Berliners Geräte waren rein mechanische Tonaufzeichnungsapparate.

Abb. 23 Phonographen (Phonograph mit Stanniolwalze 1878; Berliners Grammophon 1887; Poulsens Telegraphon 1898; Magnetophon der AEG)

Die erste elektrische Anlage, bei der ein magnetisierter Stahldraht als Tonträger fungierte, stellte der dänische Physiker Poulsen unter der Bezeichnung "Telegraphon" 1900 auf der Pariser Weltausstellung vor. Weil eine Verstärkungsmöglichkeit noch fehlte, konnte sich diese Konstruktion nicht durchsetzen.

Große Bedeutung erlangte die Tonaufzeichnung für die Filmtechnik. Nach vielen Versuchen, von denen die meisten fehlschlugen, entstanden in den achtziger Jahren des vorigen Jahrhunderts die ersten brauchbaren Stummfilme. Zu denen, die sich an der Verbesserung der Filmtechnik beteiligten, gehörte auch Edison. Er baute 1887, von seinen Vorgängern noch ganz beeinflußt, einen lichtempfindlichen Zylinder mit schneckenartig befestigten kleinen Bildern. Mit einem ruckenden Drehen konnten bis zu 48 Bilder in einer Sekunde gezeigt werden. Die Unschärfe bei der Projektion ließ ihn aber bald diese Versuche aufgeben. Zwei Jahre später begann Edison, mit dem Zelluloidfilm zu arbeiten. Er baute zuerst eine Aufnahmekamera und legte das Format auf 35 Millimeter fest. Den erstmals beidseitig perforierten Film transportierte eine Walze. Um 1890 begann Edison mit der Arbeit am "Kinetoskop", das er 1892 fertigstellte. Dieses ermöglichte es, einem Beobachter ganze Filmszenen zu zeigen. Die Projektion konnte bis zu diesem Zeitpunkt allerdings noch nicht zufriedenstellend gelöst werden. Spätere Versuche milderten nur den Grundmangel, behoben ihn aber nicht. Bald darauf versuchte Edison, sein "Kinetoskop" mit einem "Phonographen" zu koppeln und damit einen "Tonfilm" vorzuführen, allerdings gab es mit der Synchronisation immer neue Schwierigkeiten. Den ersten brauchbaren Filmprojektor stellten 1895 die Gebrüder Auguste (1862-1954) und Jean Louis Lumière (1864-1948) vor. Diese "Cinematographen" bewährten sich in vielen Ländern und erlangten große Popularität. Einen weiteren Fortschritt erreichte der deutsche Optiker und Feinmechaniker Oskar Eduard Meßter (1866-1943). Er verwendete in seinem Projektor zum ersten Male das Malteserkreuz und konnte auf diese Weise den schrittweisen Filmtransport verbessern. Auch dieser Konstrukteur versuchte die Kopplung von Projektor und Schallplatte mit seinem 1903 konstruierten "Biophon". Dieses Gerät verwendete man gelegentlich in den inzwischen entstandenen Kinos, aber die mangelhafte Synchronität und die geringe Lautstärke waren ernsthafte Mängel. Bis in die zwanziger Jahre unseres Jahrhunderts versuchten die Filmtechniker, einen "Tonfilm" auf diese Weise zu produzieren. Meßter, einer der deutschen Filmpioniere, begründete 1914 die "Wochenschau".

Zu den Technikern, die einen anderen Weg beschritten, gehörte Ernst Ruhmer (1878-1913). Er benutzte das inzwischen entdeckte Lichttonverfahren. Auf den Film selbst wurden hier in unterschiedlich breiten und geschwärzten Querstreifen die durch die Tonfrequenz verursachten Helligkeitswechsel einer Bogenlampe aufgezeichnet. Diese "Sprossenschrift" ermöglichte es, bei der Wiedergabe des Filmes die Helligkeitsunterschiede wieder in elektrische Signale zu verwandeln und hörbar zu machen.

Aufbauend auf den Vorarbeiten Ruhmers und anderer begannen 1912 die drei deutschen Ingenieure Joseph Benedict Engl (1893-1942), Hans Vogt (1890-1979) und Joseph E. Masolle (1889-1957) mit systematischen Experimenten. Sie entwickelten ein Aufnahme- und Wiedergabeverfahren für Lichttonfilme unter der Bezeichnung "Tri-Ergon", das sie 1922 in Berlin vorstellten. Die Resonanz war gering. Deshalb verkauften die Erfinder ihre Rechte an eine Firma in der Schweiz. Diese veräußerte sie an die Firma "Fox" in den USA. Zwischen dem Inhaber dieser Firma, William Fox (1879-

1952), und dessen Kooperationspartner, der "Western Electric Company", kam es bald darauf zu langandauernden Streitigkeiten, weil die Herstellung der neuen Filmapparate hohe Investitionen erforderte. Dennoch produzierten die Studios die ersten Wochenschauen mit Ton, und in der zweiten Hälfte der zwanziger Jahre gab es in den USA schon zahlreiche Tonfilme. Mit dem Lichttonverfahren, das die größte Bedeutung für den Kinofilm erlangte, konkurrierten später das Nadelton- und das Magnettonverfahren.

Der Tonfilm stellte an die Schauspieler oft völlig neue Anforderungen, und auch das Publikum gewöhnte sich nur langsam an die Kinoneuheit. Einige der beliebtesten Stummfilmschauspieler hatten in dem veränderten Medium keinen Erfolg mehr und traten zurück. In Europa war der 1929 gedrehte Film "Der blaue Engel" einer der ersten Tonfilme mit künstlerischer Qualität.

Nach 1920 verwendete man für die Herstellung von Schallplatten die elektronische Aufnahmetechnik. In der Mitte der zwanziger Jahre ersetzten elektronische Wiedergabegeräte die bis dahin nur mechanischen mit ihren Verstärkungsproblemen. Nachteilig für die Schallplatte blieben die mechanische Abtastung, der dadurch erzeugte Verschleiß und unvermeidbare Gleichlaufschwankungen, die zu Tonhöhenabweichungen führten. Die ersten Langspielplatten wurden schon 1931 hergestellt; mit Mikrorillen setzten sie sich aber erst ab 1948 zunehmend durch. Das Patent auf eine Stereoschallplatte erhielt die "Bell Telephone Company" im Jahre 1931. Auf dem Markt waren diese Schallplatten aber erst seit 1956. Ende der sechziger Jahre begann man Versuche mit QuadrophonieSchallplatten. In den achtziger Jahren verwendete man in der Aufnahmetechnik zunehmend die Digitaltechnik und die als DMM bezeichnete Metallschnitt-Technologie. In einem Computer werden die Signale digital gespeichert und dann direkt in eine verkupferte Stahlplatte geschnitten. Damit entfielen die Qualitätsverluste beim galvanischen Umkopieren des "Negativs". Nach dem Aufkommen der Compact Disc im Jahre 1983 ist die Schallplatte für den größten Teil der Interessenten, zumeist Musikliebhaber, dennoch nicht mehr konkurrenzfähig.

Am 1. August 1933 stellte die AEG in Berlin ihrem Ingenieur Eduard Schüller (1904-1976), die Aufgabe, Geräte zur Aufnahme und Wiedergabe von Sprache und Musik auf einer neuen Grundlage zu entwickeln, obwohl mit dem "Telegraphon" Poulsens bewiesen war, daß eine solche Technik funktionieren kann. Allerdings war schon zu diesem Zeitpunkt mehrfach angeregt worden, als Tonträger magnetisierte Materialien zu benutzen. Bereits im Dezember des gleichen Jahres meldete Schüller ein deutsches Patent auf das Magnettonbandverfahren an. Anläßlich der Funkausstellung in Berlin 1935 stellte er erstmals das "Magnetophon" vor. Am 19. November 1936 erfolgte ein erster großer Einsatz mit Konzertaufnahmen in Ludwigshafen. Die Bandgeschwindigkeit betrug einen Meter pro Sekunde. Ab 1939 setzte man Tonbandgeräte in der Studiotechnik ein. Versuche zur Nutzung des Verfahrens im Anrufbeantworter reichen in Deutschland bis in das Jahr 1936 zurück, und 1942 erhielt der Konstrukteur von der Reichspost die Betriebsgenehmigung. Die Markteinführung begann im Jahre 1946.

Wesentliche Verbesserungen konnten 1940 und 1941 mit der Hochfrequenz-Vormagnetisierung der Tonbänder erreicht werden, die umfassendere Nutzung der Magnettontechnik begann nach dem Zweiten Weltkrieg. Die Entwicklung der Magnettonkassette 1963 erbrachte der Unterhaltungsindustrie bald große Gewinne. Der Tonträger ist eine magnetisierbare Schicht aus Eisenoxid- oder

Chromdioxidkristallen, die auf eine Trägerfolie aufgebracht und in ein Bindemittel eingelagert wird. Früher bestand die Folie aus Azetylzellulose, heute wird sie aus Polyester gefertigt. Die Dicke des Bandes beträgt zwischen sechs und sechzehn Mikrometer, die der Schicht drei bis neun.

Die Aufnahme der Signale erfolgt mit Hilfe eines wechselnden magnetischen Feldes. Mit einem Aufnahmekopf wird das Band magnetisiert, die Wiedergabe erfolgt durch das Vorbeigleiten des magnetisierten Bandes an einem Wiedergabekopf. Die um die Kristalle herum aufgebauten kleinen Magnetfelder durchströmen den Kopfkern und induzieren in ihm elektrische Schwingungen, die von der Magnetisierung abhängig sind. Diese Schwingungen werden verstärkt und in Schall zurückverwandelt. Einer der Vorteile des Tonbandes ist die einfache Löschbarkeit mit einem hochfrequenten Wechselstrom und somit die mögliche nachfolgende Neunutzung. Diese kann unter Umständen auch nachteilig sein. Das Magnettonband ist empfindlich gegen stärkere magnetische Felder, und die Aufzeichnung hoher Frequenzen ist durch den Selbstmagnetisierungseffekt begrenzt. Auch die Bandgeschwindigkeit kann nicht beliebig verringert werden, da dann eine sehr große Dämpfung eintritt.

Eine anfangs noch sehr unangenehme Begleiterscheinung des Magnettonverfahrens waren relativ starke Rauschgeräusche, verursacht durch das Magnetband. Für die Unterhaltungselektronik bietet die seit 1967 praktizierte Dolby-Rauschverminderung mit Kompandern und Expandern eine recht gute Lösung. Vor der Aufnahme wird die Dynamik der Tonsignale dadurch reduziert, daß man die Nutzpegel der hohen Frequenzen anhebt. Am Ausgang des Kompanders, dem Expander, wird die ursprüngliche Dynamik wiederhergestellt. Das Rauschen wird damit besonders effektiv unterdrückt.

Am 3. Juni 1969 präsentierte die Firma "Sony" den ersten Videorecorder. Inzwischen haben diese Bildaufzeichnungs- und Bildwiedergabegeräte in vielen Haushalten ihren festen Platz. Die magnetische Bildaufzeichnung (MAZ) erfolgt nicht wie die Tonaufzeichnung im Längsspur-, sondern zumeist im Schrägspurverfahren.

Abb. 24 Anlage zur Bildsignalaufzeichnung auf Magnetband im Querspurverfahren, System "Ampex", Typ VR 1000 C, Teilansicht, um 1960

Eine Schrägspur auf dem Magnetband enthält die Videosignale eines Halbbildes. Schmale Randspuren in Längsspur dienen der Tonaufzeichnung und den Kontrollsignalen. Ein solches Verfahren ist deshalb notwendig, weil sonst wegen des großen Frequenzbereiches von bis zu fünf MHz die Bandgeschwindigkeit auf etwa sechs Meter in der Sekunde ansteigen würde. Allerdings sind für dieses Verfahren mindestens zwei Videoköpfe notwendig, weil bei jeder Umdrehung einer Kopftrommel zwei Halbbilder gespeichert oder wiedergegeben werden. In der Sekunde sind nach der Fernsehnorm 50 Halbbilder zu verarbeiten.

Weitverbreitet sind heute die sogenannten Camcorder, eine Kombination von Videokamera und Videorecorder. In der jüngsten Vergangenheit geht man dazu über, analoge Bildverarbeitung durch digitale zu ersetzen, für die seit 1985 eine internationale Norm besteht. Der Einsatz von magnetisierbaren Bändern, Folien, Platten, Filmen und den Tonspuren auf Filmen hat inzwischen sowohl quantitativ als auch qualitativ kaum übersehbare Dimensionen angenommen. Als magnetische Schichtspeicher in Computern dienten bis vor kurzem die zylindrischen Magnettrommelspeicher, und sogenannte Magnetblasenspeicher werden noch in der Raumfahrt benutzt, um die notwendige Datensicherheit zu gewährleisten.

Der mit Abstand gegenwärtig am weitesten verbreitete löschbare Datenträger ist die Diskette in verschiedenen Formaten. Vor allem in Personalcomputern bietet sie durch ihre große Speicherdichte und den niedrigen Preis viele Vorteile. Nachteilig wirken sich der Verschleiß und die relativ lange Zugriffszeit aus.

Die 1987 entwickelte digitale Aufzeichnung auf Band (Digital Audio Tape - DAT), die wie beim Videorecorder schräg erfolgt, aber mit den bisherigen Systemen nicht kompatibel ist, hat sich bisher, vor allem wegen des hohen Preises, kaum durchsetzen können. Zu den neueren Angeboten gehört auch die bespielbare Mini Disc, die wie eine Computerdiskette verpackt ist.

Die 1979 erfundene Compact Disc (CD), eine digitale Festspeicherplatte, gehört zu den modernsten Tonspeichern. Sie ist seit 1983 im Handel. Eine Scheibe von 12 Zentimeter Durchmesser aus Kunststoff mit aufgedampftem reflektierendem Aluminium ist der Tonträger. Die digitalisierten Signale sind als Vertiefungen unterschiedlicher Länge, Pits genannt, in einer Spur von innen nach außen angeordnet. Mit dem Lichtstrahl eines Halbleiterlasers wird die CD berührungslos abgetastet. Den reflektierten Strahl wandelt eine Fotodiode in elektrische Signale, die in einem Digital-Analog-Wandler in die üblichen Stereosignale umgewandelt werden. Ihre Vorteile sind der geringe Verschleiß, die bessere Tonqualität und der geringe Platzbedarf. Der Fortschritt in der Übertragungsqualität zeigt sich an der Gegenüberstellung der Parameter von Schallplatten, CDs und Rundfunk:

Techn. Parameter	Schallplatte	KW, MW, LW	UKW	CD
Übertragungs- frequenz	31,5 Hz - 14 kHz	30 Hz - 4,5 kHz	30 Hz - 15 kHz	20 Hz - 20 kHz
Dynamik	52 dB	40 dB	50 dB	96 dB

Eine Weiterentwicklung der "klassischen" CD ist die Compact Disk Read Only Memory oder CD-ROM. Auf ihr, die nur in Computern verwendet werden kann, lassen sich Töne, Bilder, Fotos und Videos speichern. Um einen anschaulichen Vergleich zu nennen: eine CD-ROM enthält 650 Millionen Zeichen, das sind rund 250000 Buchseiten. Die CD-ROM ist heute vor allem eine Konkurrenz zu den Printmedien. Ihre Vorzüge sind hohe Speicherkapazität und die multimedialen Anwendungen. In zunehmenden Maße wird die CD-ROM durch Kombination mit Datennetzen die aktuellsten Informationen bereitstellen können.

Vom bewegten Bild zum bewegenden Bild

Nur wenige technische Entwicklungen haben das menschliche Leben so tief beeinflußt wie das Fernsehen. Warum ist das so? Einer der Gründe ist die große Dominanz des Sehens gegenüber anderen Sinneswahrnehmungen. In zahlreichen Untersuchungen konnte festgestellt werden, daß unsere Augen und mit einigem Abstand die Ohren fast alle wesentlichen Sinneseindrücke vermitteln. Lange Zeit mußte man sich mit gemalten oder gezeichneten Vorlagen bescheiden, schon die Fotografie war ein großer Fortschritt. Deshalb galt die elektrische Wiedergabe und Übermittlung von bildlichen Eindrücken, nachdem man die von Tönen gelöst hatte, als neues erstrebenswertes Ziel.

Die unseren direkten sinnlichen Wahrnehmungen am nächsten kommenden Eindrücke von entfernten Schauplätzen liefert das Fernsehen. Heute ist dieses Massenmedium ein untrennbarer Bestandteil unseres Lebens. Inzwischen weiß man, daß es auch Gefahren in sich birgt, da es zur Manipulation genutzt werden kann. Diese Probleme sind aber nicht technischer Natur, sondern sie erfordern den verantwortungsvollen Umgang mit den gebotenen technischen Möglichkeiten.

Zur Entwicklung des Fernsehens haben auf sehr verschiedene Weise zahlreiche Wissenschaftler, Ingenieure und Techniker beigetragen. Einig war man sich von Anfang an darüber, daß ein Bild in "Bildelemente" zerlegt werden muß, um es in elektrische Signale verwandeln und übertragen zu können. Im Empfänger müssen die Bildelemente dann wieder zu einem vollständigen Bild zusammengesetzt werden. Die schnelle punkt- und zeilenweise Abtastung der Bilder war ein erstes technisches Problem. Schon wenn man sich

auf das Schwarz-Weiß-Bild beschränkt, müssen in kürzester Zeit
Tausende von Bildpunkten in elektrische Werte umgesetzt und zurückverwandelt werden. Das menschliche Sehen ist so beschaffen,
daß ein Bildeindruck etwa eine Zehntel Sekunde aufbewahrt wird.
Diese Trägheit ermöglicht die Illusion eines beweglichen Bildes,
wenn mindestens 24, besser sind natürlich mehr, wechselnde Bilder in einer Sekunde gezeigt werden können.

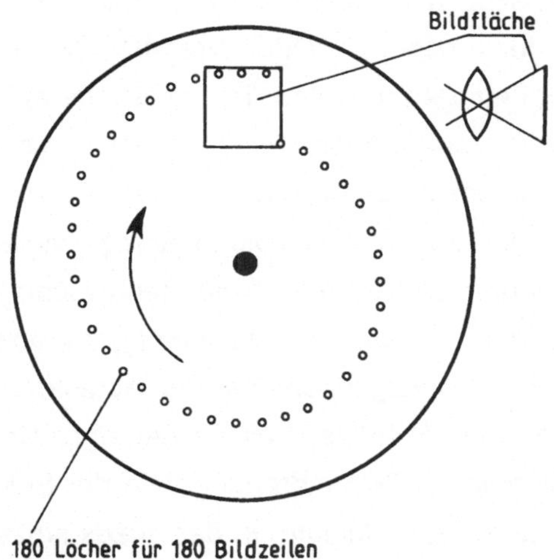

Abb. 25 Prinzipskizze der Nipkowscheibe

Die erste technische Prinziplösung für die Bildzerlegung und Bildzu-
sammenfügung lieferte der Ingenieur Paul Nipkow (1860-1940) im
Jahre 1884. Er konstruierte die nach ihm benannte Metallscheibe.
Auf ihr waren spiralförmig kleine Löcher gebohrt. Versetzt man diese Spirallochscheibe in eine synchrone Drehung, kann zeilenweise

die Helligkeit der Bildpunkte abgetastet und einer Fotozelle zugeleitet werden. Je mehr Löcher die "Nipkow-Scheibe" besitzt, um so mehr Bildpunkte können abgetastet werden. In den Empfängern mußte eine gleiche Nipkowscheibe völlig synchron laufen. Als Leuchtquelle benutzte man eine Glimmlampe, weil diese auf die wechselnde Stärke der elektrischen Ströme am schnellsten reagiert. Auf einer Mattscheibe kann dann das nun wieder zusammengesetzte Bild gesehen werden. Wollte man die heute übliche 625-Zeilen-Norm mit einem solchen elektro-mechanischen System vollziehen, müßten mindestens 625 Löcher auf der Nipkow-Scheibe vorhanden sein. Bei einer Bildbreite von vier Zentimetern muß der Abstand zwischen den Löchern, in der Drehrichtung gemessen, auch vier Zentimeter betragen. Die Kreislinie müßte demzufolge auf 40 Metern 625 Löcher aufnehmen. Damit besäße die "Nipkow-Scheibe" einen Durchmesser von etwa acht Metern.

Auf der Senderseite ließe sich eine solche Anlage vielleicht vertreten, nicht aber bei den Empfängern. Durch technische Veränderungen könnte man zwar den Durchmesser verringern, aber nur um den Preis höherer Geschwindigkeiten. Bei der Abtastung von beweglichen Bildern muß die Scheibe, weil sie bei einer Umdrehung ein Bild abtastet, mindestens 24 Umdrehungen in der Sekunde leisten, also 1500 Umläufe in der Minute. In der Praxis setzte man in den Sendern kleinere Scheiben ein, die aber bis zu 10000 Umdrehungen vollziehen mußten. Die technischen Schwierigkeiten nahmen immer mehr zu, deshalb suchten die Ingenieure nach einer Alternative zur mechanischen Bildabtastung.

Am 24. Dezember 1930 gelang es dem Physiker Manfred von Ardenne mit dem sogenannten Leuchtfleckabtaster, dieses Problem zu lösen. Zum ersten Mal wurden auf der Sender- und der Empfängerseite Elektronenstrahlröhren eingesetzt. Die Bildröhre war keine neue Erfindung. Am 15. Februar 1897 beschrieb der Physiker Karl Ferdinand Braun erstmals die nach ihm benannte Röhre. Ein mit Leuchtstoffen belegter Bildschirm und ein gebündelter ablenkbarer Elektronenstrahl bilden das Herzstück. Trifft der Elektronenstrahl auf den Bildschirm, entsteht ein leuchtender Fleck. Braun benutzte seine Erfindung als Meßinstrument, der Oszillograph war geboren. Es blieb einem Assistenten Brauns, Max Wilhelm Friedrich Dieckmann (1882-1960), vorbehalten, als erster die Braunsche Röhre wie einen Bildschreiber benutzt zu haben. Dieckmann ließ sich am 8. Juni 1906 darauf ein Patent erteilen.

Nur wenig später, am 26. November 1907, erteilte das Deutsche Reichspatentamt dem russischen Physiker Boris Lwowitsch Rosing (1869-1933) für sein "elektrisches Teleskop" gleichfalls ein Patent. Rosing, ein Schüler Popows und Lehrer von Wladimir Kosma Zworykin (1889-1982), arbeitete ebenfalls mit der Braunschen Röhre im Empfänger. Diese frühen Versuche erfüllten die Erwartungen allerdings nicht. Die Bilder erschienen dunkel, und die Umrisse blieben unscharf. Deshalb verschwanden die elektro-mechanischen Verfahren auch nicht sofort.

Seit 1924 fanden in Deutschland Funkausstellungen statt. Sie sind ein getreues Spiegelbild der jährlich erreichten Fortschritte. Im Jahre 1928 zeigte man Fernsehgeräte mit einer Nipkowscheibe, deren 30-Zeilen-Bild drei Zentimeter hoch und vier Zentimeter breit war. Ein Jahr später hatten die Techniker das Postkartenformat erreicht. Ein Flop war dagegen 1930 das Angebot von "Baukästen" zur Selbstmontage der Empfangsgeräte. Die Interessierten wußten zu diesem Zeitpunkt längst um die Unzulänglichkeiten der mechanischen Methoden im Empfänger. Den entscheidenden Durchbruch konnten die Besucher 1931 erleben. Die neuartige elektronische Anlage Ardennes erregte große Bewunderung. Die Bilder waren um ein Vielfaches heller und klarer, keine surrenden Geräusche der Nipkowscheibe störten den Zuschauer mehr.

Abb. 26   Versuchsanlage für prinzipielle Fernsehversuche von A. Karolus
          an der Universität Leipzig, 1924

Zu den frühesten Versuchen in der Fernsehtechnik gehören auch die des Hochfrequenztechnikers Otto von Bronk (1872-1951). Anfangs mit der Röntgen- und der Kinotechnik befaßt, wandte er sich um die Jahrhundertwende der Funktechnik zu. Über einhundert

Patente, von denen eines einem Farbfernsehverfahren gilt und ein anderes der Erfindung des Hochfrequenzverstärkers, zeugen von seiner Kreativität.

Nach dem Ersten Weltkrieg unternahm man in größerem Umfang Experimente, um analog zum "Rundfunk" einen "Fernsehrundfunk" zu schaffen. Viele der verdienstvollen Pioniere des Fernsehens begannen in dieser Zeit mit ihrer Arbeit, von breiten Bevölkerungskreisen wohlwollend und manchmal sogar mit Begeisterung aufgenommen. Zu den spektakuläreren Ereignissen gehörte die Vorführung des "Telehor"-Fernsehgerätes des ungarischen Physikers Denes von Mihály (1894-1953) in Budapest. Er übertrug 1919 auf Leitungen bewegliche Schattenbilder über fünf Kilometer. 1923 erhielt Mihály, der inzwischen nach Deutschland eingewandert war, ein Patent auf einen "Bildzerleger", der sich allerdings vorerst nicht bewährte. Zur 5. Deutschen Funkausstellung 1928 trat er mit einer "Fernschau", Bildern von vier Zentimetern Höhe und Breite, bestehend aus 900 Bildpunkten, an die Öffentlichkeit. Die Deutsche Reichspost strahlte in der Nacht vom 8. zum 9. März 1928 in Berlin nach seinem System Bilder aus.
Im Laboratorium Mihálys in Berlin begann der später verdienstvolle Ingenieur und Erfinder des PAL-Systems, Walter Bruch (1908-1990), sein Wirken für die Fernsehtechnik. Bruch galt in den dreißiger Jahren als Ikonoskopspezialist, war als Kameramann während der Olympischen Sommerspiele in Berlin tätig und baute eine Kabelfernsehanlage in Peenemünde zur Beobachtung der Raketenstarts. Auch Max Dieckmann entwickelte in den zwanziger Jahren die Fernsehtechnik weiter; 1925 ließ er sich einen photoelektrischen "Bildzerleger" patentieren.

In England war es John Logie Baird (1888-1946), der das Fernsehen popularisierte. Im Jahre 1926 führte der britische Fernsehpionier die Übertragung eines in ein Raster von 30 Zeilen bei fünf Bildwechseln in der Sekunde zerlegten Halbtonbildes in London vor. Ein Jahr später benutzte er zur Übertragung eine Fernsprechleitung zwischen London und Glasgow über 640 Kilometer. Bairds System arbeitete noch teilweise mechanisch. Im Februar 1928 gelang es ihm, Fernsehbilder über den Atlantik zu senden. Dazu benutzte Baird die Kurzwelle.

Zu denen, deren Entdeckungen in ihrer Zeit nicht anerkannt wurden, gehört Wladimir Kosma Zworykin. Sein amerikanisches Patent auf elektronisches Fernsehen mit dem Ikonoskop vom 29. Dezember 1923 beachtete man vorerst nicht. Diese erste Bildspeicherröhre nutzte eine Photokathode zur kurzzeitigen photoelektrischen Speicherung des Bildes, das dann von einem Elektronenstrahl abgetastet werden konnte. Der deutsche Physiker Fritz Schröter (1886-1973) erkannte als einer der ersten die Eignung der Braunschen Röhre im Empfänger und führte ab 1925 dazu zahlreiche Versuche aus. Am 26. März 1929 schlug Schröter in einem Bericht für die Welt-Ingenieur-Konferenz den Einsatz von UKW und Richtfunk für das Fernsehen vor. Ihm ist auch die Einführung des viereckigen Bildschirms zu verdanken, der in den 1939 vorgestellten "Deutschen Fernseh-Einheitsempfänger" eingebaut werden sollte.

Mit den absehbaren technischen Fortschritten auf dem Gebiet des Fernsehens entstand auch die Frage nach verbindlichen Normen. Am 20. Juli 1929 gab die Deutsche Reichspost zum ersten Male eine solche bekannt. Das Seitenverhältnis sollte vier zu drei betragen, vorgeschrieben wurden außerdem 30 Zeilen bei einer Bildfrequenz von 12,5 Hz. Im Jahre 1934 veränderte man die Norm auf 180 Zeilen bei 25 Bildwechseln in der Sekunde, 1937 wurde die Zeilenzahl auf 441 erhöht. Die in Europa übliche 625-Zeilen-Norm kam am 22. September 1948 durch eine Vereinbarung der deutschen Industrie zustande, auf sie einigten sich 1952 neun europäische Länder in Stockholm. In verschiedenen Ländern Europas gelten bis heute auch andere Normen.

Abb. 27 Elektronische Kamera, 1938

Das erste reguläre Fernsehprogramm der Welt strahlte die Deutsche Reichspost vom 22. März 1935 an vom Sender "Paul Nipkow" in Berlin aus. Bald darauf installierte sie in Berlin und Potsdam 15 "öffentliche Fernsehstellen", um breiteren Kreisen der Bevölkerung ds neue Medium nahezubringen. Mit fahrbaren Sendeanlagen wurden bald darauf die Empfangsverhältnisse in verschiedenen deutschen Gebieten untersucht.

Abb. 28 Fernsehempfänger von Lorenz, 1935

Zwar erlitten die Bemühungen um die Akzeptanz des Fernsehens mit dem Großbrand auf der Funkausstellung im August 1935 in

Berlin, dem die "Fernsehstraße" zum Opfer fiel, einen Rückschlag, aber zu den XI. Olympischen Sommerspielen 1936 in Berlin dokumentierte das Fernsehen erstmals eine Großveranstaltung. Aus dem Olympiastadion berichtete man täglich. Dabei setzten die Ingenieure sowohl das Ikonoskop als auch andere Verfahren ein, für Reprisen verwendeten sie den Zwischenfilm. Im gleichen Jahr nahm die Reichspost zwischen Berlin und Leipzig ein Videotelephon in Betrieb.

Noch vor dem Zweiten Weltkrieg eröffnete im November 1936 die BBC in Großbritannien ein öffentliches Fernsehprogramm. Sie übertrug unter anderem im Jahre 1937 die Krönung von Georg VI. (1895-1952) zum englischen König. In Frankreich begann das öffentliche Fernsehprogramm 1938 und in der Sowjetunion 1939. Die Vereinigten Staaten von Amerika eröffneten ihr Programm am 30. April 1939; sie besaßen mit dem NBC ab 1941 den ersten kommerziellen Sender. Nach Kriegsausbruch stellten die kriegführenden Staaten die Fernsehprogramme ein oder reduzierten sie. Ein Luftangriff zerstörte den Berliner Fernsehsender am 26. November 1943, danach konnten bis 1944 nur noch Versuchssendungen in Paris fortgesetzt werden.

Nach dem Zweiten Weltkrieg begann in der Bundesrepublik Deutschland der NWDR am 25. Dezember 1952 mit der regelmäßigen Ausstrahlung von Programmen. Kurz vorher hatte der Fernsehfunk der DDR seinen Betrieb aufgenommen.

Die folgende Übersicht benennt die Teilnehmerzahlen am 1. Januar 1954 in einigen Ländern [WEI 1991]:

Bundesrepublik Deutschland	11 658
DDR *(geschätzt)*	1 000
England	2 956 846
Kanada	530 000
USA	27 660 000
Frankreich	71 000
UdSSR	60 000
Italien	20 000
Belgien	10 000
Niederlande	7 500
Japan *(geschätzt)*	5 000
Schweiz	1 083

Gegen Ende der zwanziger Jahre begannen Überlegungen zum Farbfernsehen. In Großbritannien und in Deutschland fanden Versuche statt, die aber noch vor dem Zweiten Weltkrieg nicht weitergeführt worden sind. Nachdem man in den USA seit 1950 Versuchssendungen und ab 1953 ein regelmäßiges Farbfernsehprogramm ausstrahlte, begannen auch in Europa ernsthafte Bemühungen. Die zu überwindenden Probleme waren enorm. Schon beim Schwarz-Weiß-Fernsehen müssen ungefähr 13 Millionen Bildpunkte in der Sekunde, das ist die Buchstabenzahl von 4000 bis 5000 Druckseiten, übertragen werden. Die sich daraus ableitende Kanalbreite liegt bei 6500 kHz. Damit ist ein Kanal eines Fernsehsenders sechsmal so breit wie der gesamte Mittelwellen-Rundfunkbereich, er könnte 700 Rundfunksender mit 9-kHz-Kanälen aufnehmen. Im Kurzwellenbereich ist die Lage ähnlich. Anders sind die Verhältnisse im Meter- und im Dezimeterwellenbereich, also bei den Ultrakurzwellen. Allerdings muß man die bekannten Reichweitennachteile des UKW-Funks in Kauf nehmen. Einem Sender werden heute für einen Kanal 7 MHz zugebilligt. Theoretisch fänden also in den Bereichen 117 Sender Platz, in der Realität sind es 57, wie die folgende Tabelle zeigt:

Wellen	Frequenz	Bereich	Kanäle
Meterwellen (VHF)	41 - 230 MHz	I/III	2 - 12
Dezimeterwellen (UHF)	471 - 853 MHz	IV/V	21 - 68

Für die Farbfernsehtechnik, die Übertragung und Mischung der drei Grundfarben Rot, Grün und Blau, galt von vornherein, daß drei Kanäle für ein Bild oder eine dreifache Kanalbreite nicht zu verwirklichen sind. Auch die Vereinbarkeit von Schwarz-Weiß-Geräten und Farbfernsehgeräten beim Empfang mußte gewährleistet bleiben. Außerdem sollte das Farbbild im Empfänger in einer Bildröhre umgesetzt werden. Die Ingenieure standen wegen dieser Forderungen vor beträchtlichen Problemen.

Ohne auf weitere technische Details eingehen zu können, soll in aller Kürze das Grundprinzip benannt werden. In der Kamera wird das vom Aufnahmeobjekt reflektierte Licht aufgenommen und von einem Farbteiler in die Primärfarben zerlegt. Es entstehen die Farbwertsignale mit den Bestandteilen Leuchtdichte, Farbton und Farbsättigung. Der Leuchtdichtewert wird aus den drei Farbwertsignalen nach einer Matrix gebildet. Die Farbdifferenzsignale enthalten Farbton und Farbsättigung, aber nicht die Leuchtdichte. Übertragen werden nur das rote und das blaue Signal, das grüne wird durch die Addition des Leuchtdichtesignals mit den roten und blauen Farbwertsignalen unter Beachtung bestimmter mathematisch beschriebener Bedingungen gewonnen. Die Farbdifferenzsignale und das Leuchtdichtesignal werden in den verschiedenen Systemen mit unterschiedlichen Methoden übertragen.

In den Vereinigten Staaten von Amerika setzte sich anfangs das vom National Television System Committee (NTSC) vorgeschlagene Verfahren durch. Hier wird zur Übertragung der Farbdifferenzsignale ein Farbhilfsträger erzeugt, dessen Frequenz bei 4,43 MHz liegt. In einem Farbmodulator wird ein Farbbildsignal (FBAS-Signal) erzeugt, das durch entsprechende Steuersignale wieder getrennt werden kann. Im praktischen Betrieb besitzt das NTSC-Verfahren leider einige Nachteile, insbesondere eine sehr hohe Empfindlichkeit, die zu Farbverfälschungen führen kann.

Eine wesentliche Verbesserung erbringt das von Walter Bruch entwickelte PAL-Verfahren (**P**hase **A**ternating **L**ine). Der Unterschied zum NTSC-Verfahren ist die zeilenweise Umpolung des Farbdifferenzsignals. Im Empfänger wird diese Umpolung rückgängig gemacht. Das in zwei Polungen übertragene Farbbild wird in einer Verzögerungsschaltung addiert, dadurch heben sich Übertragungsfehler auf. Der Nachteil ist ein gewisses Verblassen der Farben. Im Jahre 1967 wurde das 1963 erstmals vorgeführte System PAL in der Bundesrepublik Deutschland und in vielen anderen Ländern eingeführt.

Das dritte verbreitete System heißt SECAM (Séquentiel à mémoire). Es unterscheidet sich von den anderen beiden durch die sequentielle Übertragung der Farbdifferenzsignale. Da zur Steuerung der Farbbildröhre die Signale aber gleichzeitig gebraucht werden, muß eine Zwischenspeicherung im Empfänger erfolgen. Der Farbhilfsträger ist frequenzmoduliert, deshalb haben nichtlineare Phasen- und Amplitudenverzerrungen praktisch keinen Einfluß.

In jedem Empfänger werden unabhängig vom System alle Signale getrennt verarbeitet und einer Farbbildröhre zugeführt. Diese Röhren besitzen in jedem Fall drei Elektronenstrahlquellen und einen Leuchtschirm, auf dem Leuchtphosphore in den Primärfarben aufgetragen sind. Trifft ein Elektronenstrahl einen solchen Leuchtpunkt, wird die entsprechende Farbe sichtbar. Auch wenn inzwischen zahlreiche Neuerungen zur Verbesserung der Qualität des Farbfernsehens beigetragen haben, das Grundprinzip blieb immer erhalten. Zahlreiche Industrieländer haben in den dichtbesiedelten Regionen inzwischen den Antennenempfang durch das Kabelfernsehen ersetzt. Über Breitbandkabelnetze werden dem Teilnehmer sowohl Hörfunk- als auch Fernsehprogramme angeboten. In Verbindung mit der Möglichkeit, Fernmeldesatelliten und Richtfunkstrecken zu nutzen, können heute in den industriellen Ballungsräumen zahlreiche in- und ausländische Programme empfangen werden. Seit einigen Jahren wächst die Zahl derjenigen, die mit Hilfe des Satellitendirektempfanges das Programmangebot ausdehnen wollen und können. Nachdem 1962 der erste aktive Nachrichtensatellit "Telstar I" in Betrieb genommen werden konnte, sind zahlreiche leistungsfähige Satelliten im Einsatz.

Inzwischen gehören Farbfernsehgeräte und Videorecorder bereits zu den Haushaltgeräten. Mit der zeitlichen und quantitativen Ausdehnung der Programme entstanden aber, wie beim Rundfunk, zahlreiche neue Fragen. Ob derartige Programme öffentlich-rechtlich oder privat betrieben werden sollten, wurde und wird in Europa sehr polemisch und oft unsachlich diskutiert. Bis heute gibt es auf beiden Seiten Kritiker, die die zumeist vorhandenen dualen Systeme zu ihren Gunsten beseitigen wollen. Polemische Diskussionen über die jeweilige Finanzierung, über die unter dem Quotenzwang leidenden künstlerischen Ansprüche bis hin zur unkontrollierten Machtkonzentration sind keine Seltenheit.

In der Bundesrepublik Deutschland besteht seit 1984 ein Mischsystem mit den seit 1950 verbundenen Anstalten der „Arbeitsgemeinschaft der Rundfunkanstalten Deutschlands" (ARD), dem seit 1963 arbeitenden "Zweiten Deutschen Fernsehen" (ZDF) und privaten Anbietern, von denen RTL, SAT 1 und PRO 7 gegenwärtig die bedeutendsten sind. Der internationale Programmaustausch obliegt der 1954 gegründeten "Eurovision", einer Organisation der Europäischen Rundfunk-Union.

Die Wirkungen des Fernsehens auf die Gesellschaft und auf den einzelnen Zuschauer werden bis heute kontrovers diskutiert. Das Massenmedium "Fernsehen" besitzt beträchtlichen Einfluß auf unsere Urteilsbildung, unsere Wertmaßstäbe, unsere ethischen Maximen und nicht zuletzt auf unsere ästhetischen Ansprüche. Vor allem Gewaltdarstellungen, Manipulationen und die mit einem großen Fernsehkonsum verbundene passive Haltung zur Realität gelten als negative Begleiterscheinungen. Andererseits kann ein anspruchsvolles Fernsehen Information, Bildung und Unterhaltung für den einzelnen realisieren. Deshalb ist ein verantwortungsvoller Umgang mit diesem Medium geboten.

Telekommunikation - Netze verbinden die Welt

Gegenwärtig leben wir in einer der größten Umbruchsphasen in der Entwicklung und Verwendung informationstechnischer Systeme.

Im kürzlich erschienenen Bericht der Bundesregierung „Info 2000" zur Informationsgesellschaft werden für die Informationsstruktur Deutschlands (ca. 35 Mill. Haushalte) folgende Angaben publiziert:

Anwendung	Netze/Geräte	Verbreitung/Umfang
Sprachübermittlung	Telefon	ca. 38 Mill. Anschlüsse
Sprachübermittlung	Mobiltelefon	3,7 Mill. Teilnehmer
Informationsverarbeitung und digitale Übermittlung	Personalcomputer	15 Mill. Geräte (dav. 7 Mill. in Haushalten)
Informationsverarbeitung und digitale Übermittlung	ISDN	2,74 Mill. ISDN-B-Kanäle
Informationsverarbeitung und digitale Übermittlung	Glasfaserkabel	111500 Kilometer
Fernsehen/Audio	TV-Geräte	32 Mill. angemeldete Geräte
Fernsehen/Audio	Kabelanschlüsse	15,8 Mill. Anschlüsse
Fernsehen/Audio	Pay-TV	1 Mill. Abnehmer
Fernsehen/Audio	Satelliten	8 Mill. Schüsseln
Fernsehen/Audio	VCR	21,7 Mill Geräte
Fernsehen/Audio	CD-Player	13,1 Mill. Geräte

In einer amerikanischen Studie wird prognostiziert, daß durch Telekonferenzen, Teleshopping, Telearbeit und den elektronischen Dokumentenaustausch eine Verkehrsreduzierung von bis zu 20% erreicht werden könnte. Das bedeutet in den Vereinigten Staaten sechs Millionen Pendler und drei Milliarden Einkaufsfahrten weniger pro Jahr. Ungefähr 13 Millionen Geschäftsreisen würden sich erübrigen. Experten weisen auch darauf hin, daß gegenwärtig zum Beispiel schon 35000 Informatiker in Indien für alle großen Kommunikationsunternehmen der Welt arbeiten. Die globale Telekommunikation ermöglicht die Teilnahme an einem weltweiten Datenaustausch von der eigenen Wohnung aus, das "Out-sourcing" wird vom "Global-sourcing" abgelöst. Die Mitarbeiter besitzen nur noch ein virtuelles Büro mit einer hohen Produktivität und geringen Nebenkosten. Die Telekommunikation bringt die Arbeit dorthin, wo die Menschen leben. Die Folgen dieser Deurbanisierung auf das Erwerbsleben und den Alltag sind bisher nur in Ansätzen bekannt. Vor allem deshalb gibt es auch kritische Stimmen.

Wer zum Beispiel in einem Hotel übernachten und den Service in Anspruch nehmen möchte, so meinen jedenfalls diejenigen, die den neuen elektronischen Möglichkeiten nur wenig abgewinnen können, sollte heutzutage nicht nur den Zimmerschlüssel oder die „Codecard" an der Rezeption abholen, sondern die Bedienungsanleitungen mit erfragen. Nicht selten begännen die Schwierigkeiten schon bei der richtigen Anwendung der Codecart, um das elektronische Zimmerschloß zu öffnen. Danach müsse diese Codecart in die Energiebox gesteckt werden, um die Beleuchtung und die elektrischen Geräte nutzen zu können. Eine Benutzung der Rundfunk- oder Fernsehgeräte sei nur dann möglich, wenn es gelänge, die kombinierte Fernbedienung zu begreifen. Hilfeersuchen oder Beschwerden würden bei den Hoteliers auf taube Ohren stoßen, denn sie glaubten, daß die neue elektronische Technik sie besser vor Einbrüchen schütze und die Energiekosten senke. Allerdings tauchten in dieser Rechnung die Strapazen des Gastes nicht auf. Wer häufiger in Hotels übernachten müsse, der schätze deshalb durchaus den bewährten Zimmerschlüssel, auch wenn er zumeist recht klobig ausfalle.

In der langen Geschichte der Nachrichtentechnik entstanden für den flächendeckenden Austausch Vermittlungs-, Verarbeitungs- und Übertragungsnetze. Solche Netze sind gewachsene Strukturen, mit hohem Aufwand errichtet und nach oft jahrelangen Verhandlungen international standardisiert. Vor dem Ingenieur, der heute die Weiterentwicklung voranbringen will, steht deshalb die schwierige Aufgabe, die bisherige Konzeption und Betriebsweise zu berücksichtigen. Nicht die isolierte Idee erbringt den Fortschritt, sondern vielfältige Absprachen zur Verträglichkeit der älteren Systeme mit den neuentworfenen Anlagen.

Das ausgedehnteste Netz zur Nachrichtenübermittlung ist das Fernsprechnetz. Es hatte schon 1980 einen Wiederbeschaffungswert von 2500 Milliarden DM. Heute besitzt es über 900 Millionen Anschlüsse; die jährliche Wachstumsrate liegt seit langem bei 6 bis 7%. Der internationale Fernsprechverkehr hat sich dem Umfang nach in den letzten sechs Jahren fast verdoppelt, dennoch sind große Teile der Erde noch immer unterversorgt. Über 70% der Anschlüsse entfallen auf Nordamerika, die Europäische Union und Japan. Diese Länder stellen aber nur 15% der Weltbevölkerung.
Das klassische Fernsprechnetz besitzt eine eigene Struktur, mit der jeder konfrontiert wird, der Veränderungen anstrebt. Die Deutsche Bundespost hat zum Beispiel nach dem Zweiten Weltkrieg das Landesfernwahlnetz neu aufgebaut. Nachdem in den achtziger Jahren

der Übergang zur Digitalisierung und zur Rechnersteuerung beschlossen wurde, mußte und muß das Netz völlig neuen Anforderungen genügen. Eine der daraus abgeleiteten Folgerungen war die Ersetzung des Sternnetzes mit der Heranführung der Teilnehmer an eine Vermittlungsstelle durch das Maschennetz.

In jedem großen Gebiet arbeiten heute Zentralvermittlungsstellen, die miteinander durch "Querwege" verbunden sind. Die zwischen den Zentralvermittlungsstellen bestehenden Leitungen bewältigen den größten Teil der Fernverbindungen und werden deshalb als leistungsfähige Bündel ausgeführt. Ihnen untergeordnet sind die Hauptvermittlungsstellen, Knotenvermittlungsstellen und Endvermittlungsstellen. Die Einrichtung der alternativen "Querwege" hatte zur Folge, daß die Wählinformation zwischengespeichert werden muß. Da eines der wichtigsten Ziele der Aufbau einer Fernverbindung in kürzester Zeit ist, muß eine Steuerung des Leitweges erfolgen. Das geschieht mit entsprechenden Coputerprogrammen, die den optimalsten Übertragungsweg herausfinden.

Mit dem Übergang von der Sprachvermittlung zur Sprach- und Datenvermittlung traten einige neue Probleme auf. Im Gegensatz zur Sprachvermittlung sind bei der Datenvermittlung Verzögerungen zumeist weniger bedeutsam. Schon bei der Telegraphie gab es das System der "Paketvermittlung". Telegramme an einen selten gewählten, meist weit entfernten Zielort konnten über eine gewisse Zeit hin gesammelt und dann aus Kostengründen mit einer Verbindung übermittelt werden. Die moderne "Paketvermittlung" führt die Daten zusammen, adressiert und sichert sie. Ist der Weg zu einer der Zwischenstationen, "Knoten" genannt, frei, wird das "Paket" abgeschickt. Dort bleibt es wiederum so lange, bis der Leitungsweg zum nächsten benötigten "Knoten" benutzbar ist. Den Weg des "Pakets" optimiert wiederum ein Computer.

Zwischen der Kommunikation von Menschen und der von Elektronenrechnern besteht allerdings ein gewichtiger Unterschied. Der Mensch kann durch seine Intelligenz in den Verbindungsaufbau, die Fehlerkorrektur, die Flußsteuerung und andere Funktionen durchaus eingreifen, bei der Kommunikation von Computern muß bis ins Detail die Kompatibilität festgeschrieben werden. In einem offenen Kommunikationssystem werden deshalb die sogenannten "Schnittstellen" und die Beschreibung der Syntax und der Semantik durch internationale Standards festgelegt. Problematisch ist nach wie vor die im Verhältnis zur klassischen Telefonie geringe Standardisierung im Computerbereich. Die jetzt notwendige Normungsarbeit ist außerordentlich schwierig und zeitaufwendig.

Die Netze können als Fest- und als Funknetze ausgebildet sein, oft kommen in einem Verbund beide Übertragungssysteme zum Einsatz. Neben der konventionellen Kabel- und Leitungstechnik werden heute zahlreiche Richtfunkstrecken, andere Sende- und Empfangsanlagen und die Satellitentechnik genutzt. Mit Richtfunkanlagen im Dezimeter- und Zentimeter-Wellenbereich sind sowohl Hörfunk und Fernsehen als auch Fernsprechen und Datenübertragung möglich. Beim direkten Richtfunk lassen sich günstigenfalls Entfernungen bis etwa 100 Kilometer überbrücken. Für größere Entfernungen benutzt man aktive Relaisstationen. Mit Richtstrahlern lassen sich auch Kurzwellen in bestimmte Richtungen abstrahlen.

Seitdem 1926 ein Telefongespräch aus einem fahrenden Zug von Berlin nach Hamburg geführt werden konnte, blieb der Mobilfunk immer in der Diskussion. Viele Jahrzehnte beschränkte sich seine

Anwendung allerdings auf nichtöffentliche Teilnehmer. In den letzten Jahrzehnten nahm er einen großen Aufschwung. Ein Problem sind allerdings die nicht unbegrenzt zur Verfügung stehenden Frequenzen, die sich der öffentliche Mobilfunk mit nichtöffentlichen Diensten und militärischen teilen muß. In Deutschland richtete die Deutsche Bundespost 1951 ein erstes, noch handvermitteltes Funktelefonnetz mit der Bezeichnung "A" ein. Nach mehr als 20 Jahren Betriebszeit war es 1972 veraltet und wurde eingestellt. Zu diesem Zeitpunkt besaß es 10 000 Teilnehmer. Das nunmehr nutzbare Funktelefonnetz "B" war in Funkverkehrsbereiche mit einem Radius von 30 Kilometern eingeteilt. Jeder Anrufer mußte wissen, in welchem Bereich sich das anzurufende Fahrzeug gerade befand. Im B-Netz löste die automatische Vermittlung die manuelle ab. Die Kapazität des B-Netzes war wegen der geringen Anzahl von verfügbaren Kanälen sehr begrenzt. Im Jahre 1986 hatte dieses Netz 27 000 Teilnehmer, bis 1993 ging ihre Zahl um ein Drittel zurück.

Das C-Netz eröffnete die Deutsche Bundespost im Mai 1986. Jeder mobile Teilnehmer ist über eine einheitliche Vorwahl bundesweit und auch international erreichbar. Gegenwärtig hat dieses Netz 750 ortsfeste Funkfeststationen in einer wabenförmigen Zellstruktur. Das "Weiterreichen" von einer Zelle zur anderen erfolgt automatisch. Über die Funkfeststationen lassen sich Verbindungen zu allen anderen Netzen herstellen. Das C-Netz ist ein sehr leistungsfähiges analog arbeitendes Funktelefonsystem. Mit der Einrichtung des Telekartensystems, das die Identifikation des Nutzers erlaubt und die Gebührenabrechnung vereinfacht, sowie einer Kapazität von bis zu 96 Kanälen ist es international eines der besten Systeme.

Das modernste Netz ist das gesamteuropäisch geplante digitale D-Netz. Es besitzt 124 Kanäle mit 200 kHz Bandbreite. Auf jedem Kanal finden acht Sprachkanäle Platz, die im Zeilenschlitzverfahren hintereinander geschaltet sind. Seit 1991 existieren in Deutschland erstmals zwei Betreiber: das D 1 bietet die Telekom AG an, das D 2 die Firma Mannesmann Mobilfunk GmbH. Die Teilnehmerzahlen übertreffen die bisherigen bei weitem. Für das Jahr 2000 rechnet man in Deutschland mit 4 Millionen Nutzern, in Europa sollen es über 20 Millionen sein. Für den Aufbau von Regionalnetzen, die vorwiegend im Bereich von 1,8 GHz arbeiten, hat sich der Begriff PCN (Personal Communication Network) durchgesetzt. Die Prognosen sagen auch hier eine rasche Zunahme der Teilnehmerzahlen voraus. Insgesamt rechnet man in Europa mit 40 Millionen Teilnehmern am Mobilfunk im Jahre 2000. Die weitere Entwicklung wird vom UMTS (Universal Mobile Telecommunication System) geprägt sein. Das bedeutet technisch die Vereinigung der terrestrischen mit den Satellitensystemen. Damit wäre das erklärte Ziel erreicht, jedem Menschen an jedem Ort möglichst jede Kommunikationsform zu ermöglichen.

Von herausragender Bedeutung für die gesamte Nachrichtentechnik ist die Einführung der Satellitentechnik. Sie unterscheidet sich zwar in einigen Punkten von der des Richtfunks, weist aber auch viele Gemeinsamkeiten auf. Von der Erde aus werden mit größeren Antennen die Signale auf den Satelliten abgestrahlt. Die Flugkörper übernehmen die Funktion einer Relaisstation und strahlen entweder die Signale auf einen Empfänger oder flächenverteilt. Für den Nachrichtenweitverkehr sind sie heute unersetzlich. Neben der Fernmeldetechnik nutzen Fernseh- und Rundfunkstationen, Rettungsdienste, wissenschaftliche Einrichtungen, die Administrationen und militärische Dienststellen die Nachrichtensatelliten. Am günstigsten für diese Anwendungen ist die geostationäre Position. Sie befindet sich in einer Höhe von 36 000 Kilometern über der Erdoberfläche. Ein solcher Satellit kann maximal 42% der Erdoberfläche "ausleuchten"; für den globalen Betrieb sind demzufolge mindestens drei Satelliten notwendig.

Für mobile Teilnehmer an einer direkten interaktiven Kommunikation sollen in Zukunft weltweit verteilt niedrig fliegende Satelliten eingesetzt werden, um die Sendeleistung gering zu halten. Dieses als Low Earth Orbiting (LEO) bezeichnete Programm nimmt Satellitentelefon, Satellitenfax sowie satellitengestützte Daten-, Bild-, Text-, und Sprachkommunikation auf.

Die ersten Nachrichtensatelliten erreichten die geostationäre Umlaufbahn noch nicht. Die Ära der Nachrichtensatelliten auf idealen Umlaufbahnen eröffnete für die USA der erfolgreiche Start von "Early Bird" 1965 und für die UdSSR der des ersten "Raduga"-Satelliten im Jahre 1975. Der erste, noch passive Nachrichtensatellit war der von den USA 1960 gestartete "Echo 1A". Er reflektierte die ihm zugesandten Wellen an einen anderen Ort auf der Erde, ohne sie zu verstärken. Wenig später startete man auch aktive Nachrichtensatelliten.

Mit der Erprobung des 1962 gestarteten aktiven "Telstar I" hatte die zivile Nutzung von Satelliten für den Hörfunk- und Fernsehbetrieb begonnen. Der 1965 gestartete geostationärer Nachrichtensatellit "Intelsat I" mit 240 Fernsprechkanälen eröffnete die umfassende Nutzung der neuen Technik. Inzwischen betreiben mobile Funkdienste das "Global Area Networks IRIDIUM" mit insgesamt 77 Satelliten neben den "Wide Area" Funknetzen, in die zum Beispiel in Deutschland das C-Netz und das D 1/D 2-Netz integriert sind.

Zu den neuen Technologien der Nachrichtenübertragung gehören die optischen Übertragungssysteme. Elektrooptische Umsetzer, das sind zum Beispiel Laser- oder Luminiszenzdioden, wandeln die elektrischen Signale zumeist in optische im Infrarotbereich um. Das Sendesignal wird in einen Lichtwellenleiter eingekoppelt. Auf der Empfangsseite werden die optischen Signale wieder in elektrische umgewandelt.

Im Jahre 1981 baute man zum ersten Male eine 16 Kilometer lange Lichtwellenleiterstrecke auf und untersuchte die technischen Möglichkeiten. Bald war diese Technik soweit betriebsfähig, daß französische Ingenieure das Überschallflugzeug "Concorde" mit Lichtwellenleitern ausstatten konnten.

Die Benutzung des Lichts statt des Stromes als Übertragungsmedium bringt einige Vorteile mit sich. So kann die Übertragung von elektromagnetischen Feldern nicht gestört werden, der Raumbedarf ist klein, das Gewicht niedrig, die Temperaturabhängigkeit gering und die Flexibilität recht groß. Dennoch konnten bisher zahlreiche Probleme nicht gelöst werden. Sehr lange Übertragungsstrecken sind derzeit nicht erreichbar, weil es an geeigneten Verstärkern bzw. Regeneratoren fehlt. Eine zu den elektronischen Nachrichtensystemen konkurrenzfähige optische Digitaltechnik muß erst entstehen. Möglicherweise wird eine zukünftige rein optische Nachrichtentechnik auf neuartigen Prinzipien beruhen, die noch nicht bekannt sind.

Wenn auch seit 1975 in der optoelektronischen Übertragungstechnik einige spektakuläre Erfolge erreicht werden konnten, so darf man den erreichten Stand nicht überschätzen. Die elektronische Nachrichtenübertragung ist gerade deshalb bis heute erfolgreich, weil sich Übertragung, Vermittlung und Verarbeitung ergänzen und unterstützen. Dem gegenüber steht die optische Übertragung noch allein.

Eine der notwendigen Voraussetzungen für die ungehinderte Kommunikation ist die Digitalisierung der Signale. Sie ist uns schon bei der Telegraphie begegnet. Die Punkte und Striche des Morsealphabets lassen sich auch in binären Zuständen 1 und 0 ausdrükken: Strom oder kein Strom. Die Digitalisierung analoger Signale in der Telefonie erfolgt mit der Pulscodemodulation (PCM). Man überträgt nicht die kontinuierliche Schwingung wie bei der analogen Technik, sondern tastet nur an einzelnen Punkten der Schwingungskurve die Spannung ab und mißt sie. Für die akustische Verständigung ist eine wertgenaue Übertragung nicht zwingend erforderlich, weil das Ohr nicht alle Nuancen der Sprachschwingung nachvollzieht. In der Praxis ist die Zahl der Amplitudenwerte auf 256 Quantisierungsintervalle festgelegt. Die höchste Übertragungsfrequenz in der Fernsprechtechnik beträgt 3,4 kHz, zur Abtastung muß mindestens die doppelte Frequenz benutzt werden, um das originale Signal zurückgewinnen zu können. International ist deshalb eine Frequenz von 8 kHz festgelegt worden.
Das nach der Abtastung gewonnene pulsamplitudenmodulierte Signal (PAM) wird danach in einem Analog-Digital-Wandler mit einem Binärcode in eine achtstellige Dualzahl (PCM-Signal) codiert. Aus einem analogen Sprachsignal entsteht bei 8000 Abtastungen in einer Sekunde (8 kHz) das PCM-Signal. Veranschaulicht heißt das: In einer Sekunde müssen 64 000 mal 1 oder 0 übermittelt wer-

den. Für die zeitmultiplexe Übertragung gibt es weitere Festlegun-
gen, das kleinste digitale Übertragungssystem PCM 30 hat zum
Beispiel 30 Fernsprechkanäle.

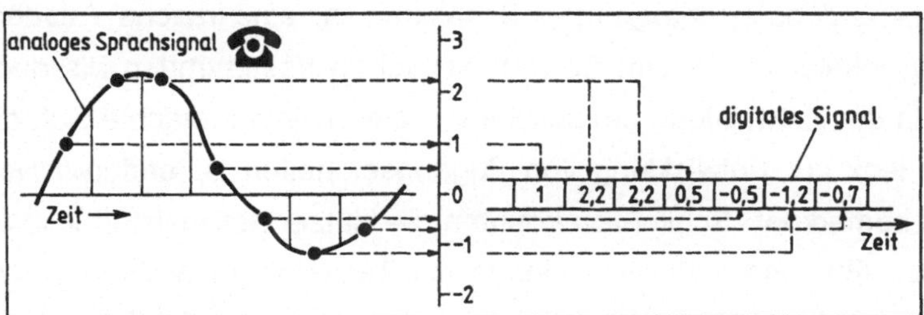

Abb. 29   Prinzip der Digitalisierung analoger Signale

Die Übertragung der Signale erfolgt über Richtfunkstrecken oder
Breitbandkabel. Beim Empfänger werden die Signale zeitgerecht
decodiert, indem sie wieder in analoge umgewandelt werden. Dieser komplizierte Vorgang erfolgt nach einem weltweiten Standard.
Mit Bildern kann man grundsätzlich ähnlich verfahren. Einzelne
Zeilen oder Bildpunkte werden nach ihrer Helligkeit und anderen
Kriterien abgetastet und dann digitalisiert. Entscheidende Vorteile
der digitalen Übertragung sind die geringe Störempfindlichkeit, eine
große Reichweite und die einfache Regenerierbarkeit. Die Digitalisierung war aber nur möglich, weil die Fortschritte der Mikroelektronik den Einsatz immer besserer und leistungsfähigerer Schaltungen zu wirtschaftlichen Herstellungskosten ermöglichten.

Die Telekommunikation vollzieht sich gegenwärtig in zwei Entwick-
lungslinien. Eine davon wird von der rechentechnischen Industrie
mit der Entwicklung von Netzen, vorwiegend zur Verbindung von
Computern im lokalen Bereich, bestimmt. Bei den lokalen Netzen
hat sich in den letzten Jahren eine große Produktvielfalt heraus-

gebildet. Anfang der sechziger Jahre entstand der Gedanke zur Verbindung von Dateneinrichtungen zur gemeinsamen Nutzung. Mitte der siebziger Jahre setzte, bedingt durch die Entwicklung von hoch- und höchstintegrierten Schaltkreisen, eine rasche Ausdehnung lokaler Netze ein. Sowohl bei schon bestehenden als auch bei in der Entwicklung befindlichen lokalen Netzen, machte sich die Tendenz zur Entwicklung von Zugangseinheiten zu anderen Netzen bemerkbar. Schließlich konnten die Nutzer der meisten lokalen Netze über ihren Bereich hinaus mit Teilnehmern anderer Netze kommunizieren. Neue Systemkonzeptionen berücksichtigten nicht nur die ursprünglichen Datendienste, sondern auch die Bildübertragung und andere Leistungen. Man spricht in diesem Zusammenhang vom Dienste-Integrierenden-Lokalen-Netz ISLN (Integreated Services Local Network).

Die zweite wesentliche Entwicklungsrichtung im Bereich der Telekommunikation wird von der nachrichtentechnischen Industrie bestimmt. In ihrem Interesse liegt vor allem die Schaffung von Universalnetzen zur Sprach- und Datenkommunikation. Ausgehend vom Fernsprechnetz und öffentlichen Datennetzen geht der Trend zu dem Dienste-Integrierenden-Digitalen-Netz ISDN (Integreated Services Digital Network), sowohl im öffentlichen Verkehr als auch im Nebenstellenbereich. Für das ISDN existieren bereits Standardisierungen bzw. Vorschläge für Standards. Der Vorteil besteht darin, daß neben dem Fernsprechen zahlreiche andere Dienste angeboten und in einem Netz übertragen werden können. Langfristig wird ein Breitband-ISDN alle Anforderungen an eine moderne und schnelle Kommunikation erfüllen. In der ferneren Zukunft ist an ein universelles integriertes Breitbandfernmeldenetz (IBFN) gedacht, das sowohl ISDN als auch Breitbandverteilnetze des Hörfunks und des Fernsehens aufnimmt.

Welche Verbesserungen das ISDN für den Nutzer erbringt, soll an der Gegenüberstellung der Dienste und ihrer Qualität im herkömmlichen Fernsprechnetz und denen im ISDN erläutert werden. Im ISDN werden alle Dienste über einen Teilnehmeranschluß abgewickkelt. Eine wesentliche Verbesserung der Qualität des Fernsprechens, die Beschleunigung der Datenübermittlung, eine große Verkürzung der Übertragungszeiten beim Fernkopieren und Fernschreiben sowie neue Angebote im Bilddienstbereich und den Dienstmerkmalen sind nur einige der wesentlichsten Fortschritte. Allein beim Telefonieren, einem Vorgang, der für jeden Menschen in Mitteleuropa zur Routine geworden ist, bietet ISDN zahlreiche neue Möglichkeiten. Zu ihnen gehören der automatische Rückruf bei Besetztzeichen, die Anrufumleitung, -umschaltung und -anzeige, Konferenzschaltungen für bis zu acht Teilnehmer, Anrufliste, Vollsperre, automatische Weckdienste, Mehrdienstbetrieb, Dienstewechsel ohne Unterbrechung der ursprünglichen Verbindung und anderes. Das ISDN-Fax hat zum Beispiel eine Übertragungsdauer von einer Sekunde für eine Seite; Datenübertragungen von 64 oder 128 kbit in der Sekunde und der Einsatz des Fernwirkens durch Aktoren und Sensoren sind möglich. Zu den angebotenen Dateldiensten (engl. **data telecommunication**) zählen das öffentliche Fernsprechnetz, das Telexnetz und das Datexnetz. Die beiden Letztgenannten werden in das elektronische Datenvermittlungsnetz (EDS) integriert. Außerdem stellt die Telecom AG einzelnen Nutzern Direktrufanschlüsse und Stromwege zur Verfügung.

Das Fernsprechnetz wird in Deutschland nicht nur zum Fernsprechen benutzt, sondern seit 1979 auch zum Fernkopieren (Telefax). Seit dem Jahre 1985 hat das Fernkopieren einen großen Aufschwung erlebt.

Für das Gebiet der alten Bundesrepublik legt die Telekom AG folgende Statistik vor:

Jahr	1985	1986	1987	1988	1989	1990	1991
Anschlüsse (in 1000)	26	44	84	197	411	682	>800

Abb. 30 Moderne Vermittlung Hicom 200 von der Fa. Siemens

Den größten Anteil an Telefaxgeräten hatten 1991 Dienstleistungsunternehmen mit 37%, es folgten der Handel mit 25% sowie Industrie und Handwerk mit 16%. In den privaten Haushalten waren zu diesem Zeitpunkt nur 3% der Geräte installiert.

Seit 1984 wird in Deutschland ein interaktives Daten- und Textübertragungssystem mit der Bezeichnung "Btx" angeboten. Der Benutzer wählt über das Telefon die Zentrale und danach die Btx-Nummer des gewünschten Anbieters. Über ein spezielles Modem kann er am Fernsehgerät die Informationen als Texte und einfache Graphiken empfangen. Durch die Einbeziehung von Personalcomputer oder Telefon lassen sich Dialoge führen.

Ein spezielles Netz für die Datenübertragung ist Datex (**data exchange**). Das Netz besteht aus zwei nach unterschiedlichen Prinzipien arbeitenden Netzteilen. Datex-L arbeitet mit Leitungsvermittlung, Datex-P mit Paketvermittlung. Datex-L stellt Verbindungen zwischen digitalen Datenstationen her, die mit der gleichen Übertragungsgeschwindigkeit betrieben werden. Die Benutzer können zwischen 300 und 64 000 bit in der Sekunde übermitteln. Das Datex-L besteht in Deutschland seit 1967 und hat über 25 000 Anschlüsse. Das Datex-P funktioniert nach der schon beschriebenen Paketlösung. Die portionsweise Verschickung von Daten in Paketen von 1024 bit nutzt die Übertragungswege optimal aus, dazu trägt auch die hohe Geschwindigkeit von 64 000 bit in der Sekunde bei. Das Zwischenspeichern der Datenpakete in "Knoten" ermöglicht es, daß Datenstationen mit unterschiedlicher Übertragungsgeschwindigkeit miteinander kommunizieren können. Bei Bedarf hat der Nutzer des Datex-P auch Zugriff auf das Datex-L und das Telefonnetz. Heute ist der internationale Austausch mit über 100 Ländern und 150 kompatiblen Netzen möglich. Obwohl Datex-P erst nach dem Datex-L eingeführt worden ist, nehmen an ihm in Deutschland über 60000 Nutzer teil.

Die Computertechnik hat in hohem Maße die Kommunikationstechnik revolutioniert. Die klassischen Fernmeldenetze für Sprache und Text sind Telefonie- und Telegraphienetze. In den letzten Jahren kamen die Signalübermittlung für Daten und die Bildsignalübermittlung hinzu. Zum Teil ließen sich die neuen Nachrichtenarten in bestehenden Netzen übermitteln, aber sie erfordern auch neue und entsprechende Technologien.

Zu den zukunftsträchtigsten Anwendungen der "Datenautobahn" gehört die "elektronische Post e-mail". Die traditionelle Post wird von den Anwendern dieser neuen Möglichkeit des Informationsaustausches als "Schneckenpost" bezeichnet. Weltumspannende Computernetze ermöglichen es, daß innerhalb weniger Minuten ausführliche Mitteilungen verschickt werden können. Die Kosten bleiben relativ gering, denn die Gebühren hängen nicht von der Entfernung ab. Auch für die Teilnahme an diesem Datenaustausch bedarf es nur verhältnismäßig geringer technischer Aufwendungen: Neben dem Computer sind das ein Telefonanschluß und ein Modem, mit dem der Computer an das Telefonnetz angeschlossen wird. Hinzu kommt das entsprechende Programm, um einen der Datendienste nutzen zu können. Als Absender und Adressat besitzt man dann ein virtuelles Postfach, welches nur mit einem elektronischen Schlüssel geöffnet werden kann.

Gegenwärtig werden in jedem Monat allein über das System "Internet" weit über eine Milliarde "e-mails" verschickt. "Internet" gilt als das größte Computernetzwerk der Welt; es umfaßt einen Rechnerverbund von mehr als drei Millionen weltweit installierten Computern. Von Experten wird die Teilnehmerzahl auf 25 bis 30 Millionen geschätzt, monatlich kommen ungefähr 150 000 hinzu.

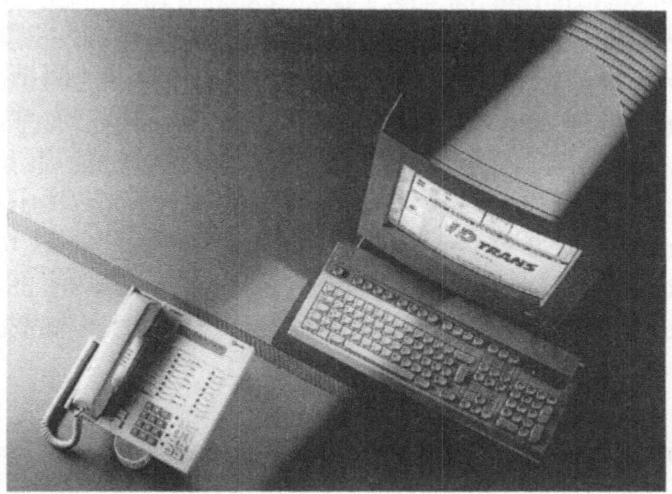

Abb. 31 PC und Telefon. Hicom 200 von der Fa. Siemens

Der Zugang zum Netz "Internet", ursprünglich aufgebaut als Datenbank für das Militär, Universitäten und Verwaltungen, eröffnet noch weitere Möglichkeiten. Dem Teilnehmer stehen unzählige Datenbanken zur Verfügung, so daß es kaum eine Frage gibt, die nicht beantwortbar ist. Die Antwort muß aber irgendwo gespeichert sein, und der Fragesteller muß den richtigen Weg dorthin finden. Neben "e-mail" bietet "Internet" heute über 8 000 Diskussionsforen über alles und jedes an, es wird über Kochrezepte und Philosophie, über Musik und Literatur oder die letzte nachrichtentechnische Neuerung diskutiert, und das über alle Grenzen hinweg.

Das für den Nutzer heute beeindruckendste Merkmal moderner informationstechnischer Systeme ist die Verknüpfung von Computertechnik, Telekommunikation, Unterhaltungselektronik und audiovisuellen Medien. Das hat eine weltweit geführte Diskussion um den Wandel von der „postindustriellen Gesellschaft" zur „Informationsgesellschaft" ausgelöst. Trotz vieler Kontroversen in Einzelfragen sind sich heute alle darüber im klaren, daß der gegenwärtige Umbruch zu einer neuen Wirtschafts- und Gesellschaftsform führen wird, die einerseits einen anderen Umgang mit der Ressource „Information" bedingt und andererseits zu einschneidenden Veränderungen in der Technik, der Wirtschaft, der Arbeitswelt und der Umwelt führen wird. Begriffe wie „Multimedia" und „Datenautobahn" gehören schon heute zur Alltagssprache.

Wenn dahinter auch nicht immer konkrete Vorstellungen von den Möglichkeiten der leistungsfähigsten Informationsübertragungsnetze und der Verknüpfung von Daten, Sprache und Bewegtbild stehen, so wissen wir auch aus der Vergangenheit, daß im 21. Jahrhundert das uns heute noch neue und manchmal zu neu Erscheinende dann Alltag sein wird. Die neuen Möglichkeiten der Verknüpfung von Informationen, ihre Speicherung und Verarbeitung entlasten uns von Unkenntnis und Routinearbeit, sie erhöhen Kreativität und Produktivität. Dennoch sollten wir die möglichen Gefährdungen nicht unterschätzen und ihnen rechtzeitig begegnen. Der "gläserne Mensch" oder Realitätsverluste und Manipulation durch eine "virtuelle Welt" sind nicht selten Schlagworte einer nach Sensationen haschenden Presse, aber sie spiegeln auch etwas von den realen Ängsten und Gefahren wider.

Literatur

Zitierte Literatur

Bredow, H.: Im Banne der Ätherwellen. Band 1. Stuttgart 1954, S. 40; Band 2. Stuttgart 1956, S. 177.

Crookes, W.: "Fortnightly Review" (Zeitschrift) 1892. Zitiert nach: Conrad, W.: Forscher - Funker - Ingenieure. Leipzig 1967, S. 18.

Etzel, F. A. v.: Promemoria. Über Telegraphen bei den Eisenbahnen als polizeiliches Sicherheitsmittel von Oberst-Lieutnant beim Generalstabe und Direktor der Telegraphie O` Etzel. Berlin, den 16. 10. 1839. (Akte Verbindungen der Telegraphen mit den Eisenbahnen. Band 1. 1839-1850. Preußisches Staatsarchiv. Außenstelle Merseburg).

Etzel, F. A. v.: Denkschrift über die Anlage und Benutzung electromagnetischer Telegraphen auf Eisenbahnen. Berlin, den 5.6. 1847. (Akte betr. die Anlage von electromagnetischen Telegraphen auf Eisenbahnen. Juni 1847 bis Dezember 1848. Preußisches Staatsarchiv. Außenstelle Merseburg).

Info 2000: Deutschlands Weg in die Informationsgesellschaft. Bericht der Bundesregierung. Bundesministerium für Wirtschaft 1996.

Laer, H. v.: Industrialisierung und Qualität der Arbeit - Eine bildungsökonomische Untersuchung für das 19. Jahrhundert. New York 1977, S. 293. Zitiert nach: Oberliesen, R.: Information, Daten und Signale. Geschichte technischer Informationsverarbeitung. Reinbek b. Hamburg 1982, S. 114.

Schollmeyer, G.: Schule der Elektrizität. Praktisches Handbuch der Elektrizitätslehre. 2. Auflage. Neuwied-Leipzig-Berlin 1904, S. 337.

Weiher v., S.; Wagner, B.: Tagebuch der Telekommunikation Von 1600 bis zur Gegenwart. 2. Auflage. Berlin und Offenbach 1991. S. 165.

Weiterführende Literatur

Aschoff, V.: Geschichte der Nachrichtentechnik-Beiträge zur Geschichte der Nachrichtentechnik von ihren Anfängen bis zum Ende des 18. Jahrhunderts. Band 1. Berlin 1987; Band 2. Berlin 1989.

Beck, A. H.: Worte und Wellen - Geschichte und Technik der Nachrichtenübermittlung. Frankfurt/M. 1974.

Benda, D.: Nachrichtentechnik. Berlin/Offenbach 1988.

Bräuer, H.-J.: Die Entwicklung des Nachrichtenverkehrs. Dissertation. Nürnberg o. J.

Bredow, H.: Im Banne der Ätherwellen. Band 1. Stuttgart 1954; Band 2. Stuttgart 1956.

Conrad, W.: Forscher - Funker - Ingenieure. Leipzig 1967.

Eurich, C.: Tödliche Signale. Frankfurt/M. 1991.

Fischer, K.: Bildkommunikation. Berlin-Heidelberg-New York 1987.

Fricke, H.; Lamberts, K.; Schuchardt, W.: Elektrische Nachrichtentechnik. Stuttgart 1964.

Fürst, A.: Das Weltreich der Technik. Entwicklung und Gegenwart. Band 1. Telegraphie und Telephonie. Berlin 1923.

Herter, E. / Lörscher, W.: Nachrichtentechnik. Übertragung-Vermittlung-Verarbeitung. 6. erg. Auflage. München/Wien 1992.

Kern, U.: Die Entstehung des Radarverfahrens: Zur Geschichte der Radartechnik bis 1945. Dissertation Universität Stuttgart 1984.

Kloss, A.: Von der Electricität zur Elektrizität. Basel-Boston-Stuttgart 1987.

Liebscher, S. u.a.: Rundfunk-, Fernseh-, Tonspeichertechnik. 2. bearb. Auflage. Berlin 1983.

Neuburger, A.: Von Morse bis Marconi - Die Telegraphie und ihre Rolle im Dienste der Weltwirtschaft und Weltpolitik. Berlin 1920.

Schwartze, T.: Telephon, Mikrophon und Radiophon. 3. Auflage. Wien-Pest-Leipzig 1892.

Zetzsche, K. E.: Geschichte der elektrischen Telegraphie. Berlin 1877.

Personenverzeichnis

Sachwortverzeichnis

Hoffmann
Photovoltaik – Strom aus Licht

So modern uns die Photovoltaik (PV) heute auch erscheinen mag, ihre Anfänge reichen zurück bis in das Jahr 1839. Eine funktionstüchtige Solarzelle zur direkten Umwandlung von Licht in Strom lag erstmals 1954 vor. Heute gilt die Photovoltaik als eine wichtige Grundlage für eine künftige CO_2- freie Elektroenergieversorgung.

Der Autor stellt das Funktionsprinzip und die unterschiedlichen Arten von Solarzellen vor. Er gibt einen Überblick über verschiedene Varianten von PV-Systemen und deren wichtigste Komponenten. In Wort und Bild wird der Leser über zahlreiche Einsatzmöglichkeiten informiert. Dabei wird deutlich, daß die Photovoltaik – obwohl heute noch unwirtschaftlich – langfristig über ein enormes Entwicklungspotential verfügt, das es zu erschließen und zu entwickeln gilt.

Von
Volker U. Hoffmann
Leipzig

1996. 161 Seiten.
13,7 x 20,5 cm.
Kart. DM 22,80
ÖS 169,– / SFr 22,–
ISBN 3-8154-2506-9

(Einblicke in die Wissenschaft – Technik)

Preisänderungen vorbehalten.

B. G. Teubner Stuttgart · Leipzig

Teichmann
Wandel des Weltbildes

**Astronomie, Physik und
Meßtechnik in der Kultur-
geschichte**

Ist das Weltall endlich oder unendlich?
Ruht die Erde im Mittelpunkt der Welt
oder nicht? Welche Argumente gab es
dagegen und dafür? Was verstand man
unter Planeten? Wie wichtig war überhaupt Astronomie für Antike und Neuzeit
– in der Naturphilosophie, in der Meßtechnik und bei der Entwicklung von
Navigationstechnik?

Der Autor zeigt fundiert und doch sehr
anschaulich, daß der Wandel des astro-
nomisch-physikalischen Weltbildes eng
mit dem historischen Aufstieg Europas
bis zum 19. Jahrhundert verknüpft ist.

Das Buch wendet sich gleichermaßen
an naturwissenschaftlich, historisch
und philosophisch interessierte Leser.

Von Prof. Dr.
Jürgen Teichmann
Deutsches Museum
München

3., durchgesehene Auflage.
1996. 231 Seiten mit
16 Bildern.
13,7 x 20,5 cm.
Kart. DM 24,80
ÖS 181,– / SFr 24,–
ISBN 3-8154-2508-5

(Einblicke in die Wissen-
schaft – Astronomie)

Preisänderungen vorbehalten.

B.G. Teubner Stuttgart · Leipzig

Koepp/ Koepp-Schewyrina
Tschernobyl

Katastrophe und Langzeitfolgen

Hunderttausende Menschen waren daran beteiligt, die Folgen der Reaktorkatastrophe im Kernkraftwerk Tschernobyl zu mildern. Trotzdem leben heute viele Millionen in Gebieten erhöhter Radioaktivität.

Die Autoren dieses Buches nahmen am Meßprogramm der Bundesrepublik Deutschland zur Messung der Radioaktivität der Bevölkerung und der Umwelt in der Sowjetunion bzw. deren Nachfolgestaaten teil. Durch ihre Arbeit – einerseits auf biophysikalischem, andererseits auf medizinischem Gebiet – sind sie mit dieser Thematik seit vielen Jahren vertraut. Sie beschreiben in allgemeinverständlicher Form Ursachen, Verlauf und vor allem die langandauernden Auswirkungen des Unglücks vom April 1986 auf Ernährung und Gesundheit.

Auf der Basis authentischen Quellenmaterials wird der Leser sowohl über biologische, medizinische und soziale Folgen der Katastrophe informiert als auch über damit zusammenhängende naturwissenschaftlich-ökologische Probleme.

Von Dr.
Reinhold Koepp
und
Tatjana Koepp-Schewyrina
Berlin

1996. 160 Seiten mit 23 Bildern.
13,7 x 20,5 cm.
Kart. DM 22,80
ÖS 166,– / SFr 22,–
ISBN 3-8154-3522-6

(Einblicke in die Wissenschaft – Ökologie)

Preisänderungen vorbehalten.

B. G. Teubner Stuttgart · Leipzig